D1865802

Mitarbeitergespräche

Prof. Dr. Wolfgang Mentzel

5. Auflage

Haufe

Inhalt

Vorwort

Als Führungskraft müssen Sie Mitarbeitergespräche führen – eine nicht immer leichte Aufgabe. Auf der einen Seite müssen Sie klare Vorgaben machen und Ziele setzen. Auf der anderen Seite liegt es in Ihrer Verantwortung, für eine angenehme Atmosphäre und ein faires Gespräch zu sorgen, in dem auch der Mitarbeiter ausreichend zu Wort kommt. Schließlich erwarten gute Mitarbeiter, dass Sie mit ihnen regelmäßig über ihre Aufgaben und Ziele, ihre Leistungen, ihre Stärken und Schwächen und ihre weitere berufliche Entwicklung sprechen. Hinzu kommen die weniger angenehmen Auslöser für ein Mitarbeitergespräch – Fehlverhalten, Missverständnisse oder gar schwere Konflikte.

In diesem TaschenGuide erfahren Sie, wie Sie diese Gespräche optimal vorbereiten können und worauf es bei der Gesprächsführung ankommt. Gliederungshilfen und Checklisten für die wichtigsten Anlässe helfen Ihnen, das Mitarbeitergespräch zu strukturieren. Darüber hinaus finden Sie einen „Leitfaden für alle Fälle", um auch nicht ausdrücklich angesprochene Situationen sicher zu meistern. Die Regeln zur Gesprächsvorbereitung und -durchführung sind zwar auf das Mitarbeitergespräch zugeschnitten, vieles können Sie aber auch auf andere Gesprächssituationen übertragen.

Wolfgang Mentzel

Richtig führen durch Mitarbeitergespräche

Eine vertrauensvolle Zusammenarbeit zwischen Vorgesetzten und Mitarbeitern ist nur möglich, wenn alle anstehenden Probleme im gemeinsamen Gespräch geklärt werden.

In diesem Kapitel erfahren Sie,

- welche Vorteile Mitarbeitergespräche mit sich bringen und worin oft Probleme bestehen (S. 7),
- wie Sie die häufigsten Fehler bei Mitarbeitergesprächen von vornherein vermeiden können (S. 11),
- nach welchen Gesetzmäßigkeiten Kommunikation generell abläuft (S. 12) und
- wie Sie sich organisatorisch und inhaltlich auf die Gespräche vorbereiten sollten (S. 16).

Was haben Sie von Mitarbeitergesprächen?

Worum geht es?

Das Mitarbeitergespräch ist eine wichtige Führungsaufgabe, die nicht delegiert werden kann. Es findet zwischen dem direkten Vorgesetzten und seinen Mitarbeitern statt. Nur in Ausnahmefällen wird diese Aufgabe vom nächst höheren Vorgesetzten oder von Mitarbeitern der Personalabteilung wahrgenommen.

Das Mitarbeitergespräch ist durch folgende Merkmale gekennzeichnet:

- Es geht um besondere Anlässe oder Themen, die den Vorgesetzten und den Mitarbeiter veranlassen, sich zusammenzusetzen und ihre Meinungen auszutauschen.
- Mitarbeitergespräche können sowohl zu regelmäßigen, geplanten Terminen (z. B. Beurteilungs- oder Fördergespräche) als auch anlassbezogen (z. B. Einführungsgespräche) stattfinden.
- Mitarbeitergespräche sind zumeist Vier-Augen-Gespräche. In Einzelfällen (z. B. bei Gesprächen mit disziplinarischem Inhalt) kann es vorkommen, dass der Vorgesetzte oder der Mitarbeiter eine weitere Person zum Gespräch hinzuzieht (z. B. ein höherer Vorgesetzter, ein Mitarbeiter der Personalabteilung, ein Mitglied des Betriebsrats). In bestimmten, vom Gesetz genannten Fällen kann der Mitarbeiter

die Teilnahme eines Betriebsratsmitglieds verlangen (z. B. § 82 Abs. 2 BetrVG).

- Mitarbeitergespräche haben immer einen bestimmten Sachinhalt und eine Zielsetzung.

Kein Mitarbeitergespräch im oben definierten Sinn ist die Mitarbeiterbesprechung, die der Vorgesetzte mit einer Gruppe von Mitarbeitern führt. Sie hat allerdings sowohl bei der Vorbereitung als auch bei den eingesetzten Regeln und Techniken viele Gemeinsamkeiten mit dem Mitarbeitergespräch und wird deshalb ebenfalls kurz angesprochen (Seite 115).

Die Vorteile nutzen

Ein richtig geführtes Mitarbeitergespräch bringt sowohl für den Vorgesetzten als auch für den Mitarbeiter eine Reihe von Vorteilen mit sich. Je nach Gesprächsanlass sind folgende Auswirkungen möglich:

- Missverständnisse oder Vorurteile werden abgebaut und der Umgang miteinander wird offener und ehrlicher.
- Durch die gegenseitige Information kennt man sich besser und hat mehr Verständnis füreinander.
- Bestehende Probleme werden aufgearbeitet und gemeinsam gelöst.
- Der Mitarbeiter hat die Möglichkeit, eigene Gedanken zu Problemen ins Gespräch einzubringen, und wird sich mit den gefundenen Lösungen besser identifizieren.

- Das Verständnis für organisatorische und personelle Änderungen steigt, wenn Sie als Vorgesetzter die Mitarbeiter rechtzeitig informieren.
- Durch offene Gespräche werden Gerüchte verhindert, wodurch das gegenseitige Vertrauen steigt.
- Gemeinschaftsgefühl und Zusammenarbeit werden gefördert.
- Die Beziehungen zwischen Vorgesetzten und Mitarbeitern und der gegenseitige Kontakt werden verbessert.
- Hierarchieunterschiede werden überwunden und Vorgesetzter und Mitarbeiter verstehen sich als Partner.
- Ein Mitarbeiter, der als Partner akzeptiert wird, wird ein verstärktes Selbstbewusstsein und eine größere Verantwortungsbereitschaft entwickeln.

Was macht Mitarbeitergespräche schwierig?

Neben den allgemeinen Regeln der Gesprächsführung müssen Sie im Mitarbeitergespräch wegen der besonderen Vorgesetzten-Mitarbeiter-Situation einige zusätzliche Aspekte beachten.

Weder beim Vorgesetzten noch beim Mitarbeiter lässt sich das Wissen um die bestehenden Rangunterschiede ausschalten. Daran ändert sich auch nichts, wenn Sie sich als Vorgesetzter um einen partnerschaftlichen (kooperativen) Führungsstil bemühen. Beiden Partnern ist immer bewusst, dass letztendlich der Vorgesetzte aufgrund der Machtverteilung

Entscheidungen treffen kann, die der Mitarbeiter akzeptieren muss. Das kann im Mitarbeitergespräch zu negativen Auswirkungen führen:

- Die Mitarbeiter haben möglicherweise Hemmungen, alle Gedanken offen auszusprechen.
- Mitarbeiter schweigen, wenn sie abweichende Auffassungen haben, um nicht widersprechen zu müssen, oder formulieren ihre Beiträge insgesamt vorsichtiger.
- Das Gespräch hat nur Alibifunktion, da der Vorgesetzte seine Entscheidung bereits getroffen hat.
- Vorgesetzte halten Monologe und lassen es erst gar nicht zu einem echten Meinungsaustausch kommen.
- Die Mitarbeiter werden durch suggestive Formulierungen veranlasst, die Meinung des Vorgesetzten zu übernehmen.

Berücksichtigen Sie deshalb immer die Besonderheiten des Mitarbeitergesprächs. Verleugnen Sie nicht die hierarchische Position, die Sie gegenüber Ihrem Gesprächspartner einnehmen. Auch der Mitarbeiter wird sie nicht aus den Augen verlieren.

Worauf achten bei der Gesprächsführung?

Die Initiative für ein Mitarbeitergespräch kann zwar von beiden Seiten ausgehen, aber Sie als Vorgesetzter tragen die Verantwortung für eine erfolgreiche Gesprächsführung. Konkret bedeutet das:

- Nehmen Sie sich Zeit für die Anliegen Ihres Mitarbeiters. Bringen Sie im Gespräch die notwendige Geduld auf, um den Mitarbeiter ausreichend zu Wort kommen zu lassen.
- Unterstützen Sie Ihre Mitarbeiter, wenn diese ihr Anliegen vortragen, z. B. durch aktives Zuhören oder den Einsatz von Fragetechniken (ab Seite 32).
- Greifen Sie die Vorschläge, Bedenken und Sichtweisen Ihrer Mitarbeiter auf und setzen Sie sich mit diesen auseinander.
- Führen Sie kein Mitarbeitergespräch ohne Ergebnis. Treffen Sie mit Ihren Mitarbeitern Vereinbarungen und achten Sie auf deren Umsetzung.

Gefühle nicht vernachlässigen

Kommunikation zwischen Menschen findet immer auf zwei Ebenen zugleich statt: auf der Sachebene und auf der Beziehungsebene. Anders ausgedrückt: Neben dem Verstand wird immer auch das Gefühl des anderen angesprochen. Paul Watzlawick hat das wie folgt formuliert: „Jede Kommunikation hat einen Inhalts- und einen Beziehungsaspekt derart, dass Letzterer den Ersteren bestimmt." Diese Erkenntnis gilt für jede Form der Kommunikation, gleichgültig ob es sich um einen Vortrag, eine Diskussion oder ein Mitarbeitergespräch handelt.

Leider wird die Beziehungsebene oft vernachlässigt. Viele Vorgesetzte glauben, es reiche aus, sachlich zu überzeugen. Tatsächlich ist aber die Beziehungsebene entscheidend. Wer seinen Gesprächspartner auf der Beziehungsebene erreicht, der kommt auch auf der Sachebene an. Wenn Sie Ihren Mitarbeitern auf der Beziehungsebene Vertrauen vermitteln, dann werden Sie auch auf der Sachebene anerkannt.

> „Es genügt nicht, zur Sache zu reden. Man muss zu den Menschen reden."
> (Stanislaw J. Lec)

Welche Fehler Sie vermeiden sollten

In Seminaren des Verfassers wurden immer wieder dieselben Fehler betont, die von den Vorgesetzten bei der Mitarbeiterführung und speziell in Mitarbeitergesprächen begangen werden. Insbesondere drei Hauptversäumnisse wurden genannt:

- zu wenig Zeit,
- zu wenig Information,
- fehlerhafte Kritik.

Dabei wird nicht zwangsläufig unterstellt, dass die Vorgesetzten nicht gesprächswillig seien. Häufig fehlt einfach die notwendige Zeit und Ruhe, um erfolgreiche Gespräche zu führen. Weitere Fehler sind in der folgenden Übersicht zusammengefasst.

Checkliste: Die häufigsten Fehler in Mitarbeitergesprächen

- Der Gesprächstermin wird zu kurzfristig festgesetzt, sodass die Mitarbeiter sich nicht richtig vorbereiten können.
- Der Gesprächsanlass ist nicht bekannt.
- An dem gewählten Gesprächsort mangelt es an Ruhe und Ungestörtheit.
- Die Mitarbeiter sind mit der Umgebung nicht vertraut und fühlen sich unsicher.
- Die Mitarbeiter werden vom Vorgesetzten ständig unterbrochen.
- Es werden zwar manche Details besprochen, aber es kommt zu keinem konkreten Ergebnis.
- Der Vorgesetzte spielt seine größere Gesprächserfahrung und hierarchische Stellung aus.
- Der Vorgesetzte trifft Entscheidungen, obwohl noch nicht alle Einzelheiten besprochen sind.
- Die wesentlichen Entscheidungen sind bereits gefallen und das Gespräch hat nur noch Alibifunktion.

Entscheidend ist, was der Mitarbeiter versteht

Über die aus der Vorgesetzten-Mitarbeiter-Situation resultierenden Probleme hinaus kann das Verständnis im Mitarbeitergespräch durch weitere Hindernisse beeinflusst werden.

Eine Information ist nicht das, was der jeweils Sprechende gerade sagt, sondern das, was beim Zuhörenden ankommt und verstanden wird.

Diese grundlegende Gesetzmäßigkeit gilt für jede Form der Kommunikation; sie wird verständlich, wenn wir uns für einen Augenblick mit dem so genannten Kommunikationsmodell befassen.

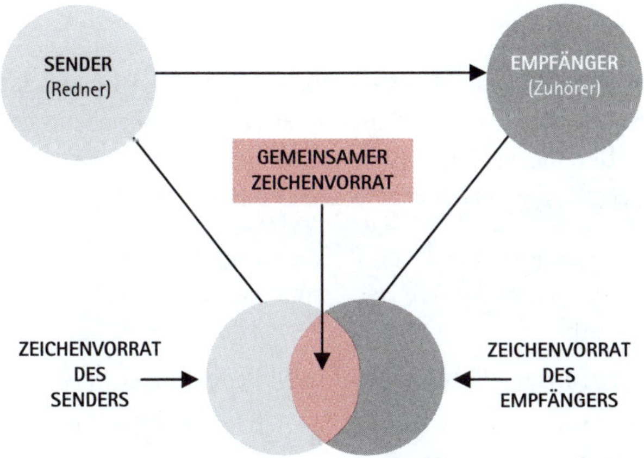

Beide Partner müssen die gleiche Sprache sprechen

Kommunikation besteht zunächst immer aus drei Faktoren:

- dem Sender (im Gespräch der jeweils Sprechende),
- dem Empfänger (im Gespräch der jeweils Zuhörende) und
- der eigentlichen Aussage.

Die Rolle des Senders und Empfängers wechselt ständig, je nachdem, wer gerade spricht. Probleme entstehen nun bei der Übermittlung der Nachricht. Denn der Sprechende (Sender) formuliert seinen Gesprächsbeitrag mit seinem persönlichen Zeichenvorrat. Das können verbale und nonverbale (körpersprachliche) Aussagen sein. Der Zuhörende (Empfänger) greift bei der Interpretation der Nachricht seinerseits auf den ihm eigenen Zeichenvorrat zurück, ebenfalls wieder verbal und nonverbal.

Unklarheiten und Missverständnisse entstehen immer dann, wenn Sender und Empfänger unterschiedliche Zeichen benutzen. Und dies ist leider nicht die Ausnahme, sondern die Regel. Zu Verständigungsschwierigkeiten kann es kommen, weil

- vom Sender Wörter (z. B. Fremdwörter oder Fachbegriffe) benutzt werden, die der Empfänger möglicherweise nicht kennt,
- der Sender Wörter mit mehreren Bedeutungen verwendet,
- der Sender mit Beispielen operiert, die für den Empfänger keine Aussagekraft haben,

- der Sender Informationen oder Vorerfahrungen voraussetzt, mit denen sich der Empfänger nur wenig oder gar nicht auskennt,
- der Sender nonverbale Äußerungen (z. B. bestimmte Gesten) verwendet, die vom Empfänger anders interpretiert werden können, als sie gemeint sind.

Welche Konsequenzen ergeben sich hieraus für das Mitarbeitergespräch? Sowohl der Vorgesetzte als auch der Mitarbeiter sollten durch aktives Zuhören, Nachfragen und gegenseitige Rückmeldung (Feedback) dazu beitragen, den gemeinsamen Zeichenvorrat kontinuierlich zu erhöhen. So nimmt die Klarheit über das Gesagte immer stärker zu und Fehlinterpretationen werden vermieden.

Kommunikation ist mehr als nur das gesprochene Wort. Nach der Theorie von Paul Watzlawick kann man nie nicht kommunizieren. Auch ein Schweigen, Sich-Umdrehen, Wegsehen oder Weggehen beinhalten für den Gesprächspartner eine Nachricht. Neben dem gesprochenen Wort sind auch Mimik, Gestik, Körperhaltung, Sprechweise usw. an der Kommunikation beteiligt. All dies wird unter dem Begriff „nonverbale Kommunikation" zusammengefasst und kann ebenso wie die verbale Kommunikation zu einer Reihe von Missverständnissen führen. Bedeutet z. B. ein Lächeln des Vorgesetzten bei einem Vorschlag des Mitarbeiters Zustimmung oder Überheblichkeit? Demonstriert ein Vorgesetzter durch verschränkte Arme Ablehnung, Desinteresse oder handelt es sich lediglich um eine bequeme Armhaltung?

Das Mitarbeitergespräch vorbereiten

Ein Großteil der Routinekommunikation zwischen Vorgesetzten und Mitarbeitern muss aus der Situation heraus spontan geführt werden – bei plötzlichen Sicherheitsverstößen, laufenden Arbeitsanweisungen oder zum Austausch von Informationen während der täglichen Zusammenarbeit. Die meisten Mitarbeitergespräche (z. B. Einführungs-, Beurteilungs-, Zielvereinbarungs- oder Fördergespräch) können dagegen geplant und vorbereitet werden.

Leider wird die Bedeutung der Gesprächsvorbereitung häufig unterschätzt. Mit Blick auf das Tagesgeschäft ist man schnell der Meinung, man habe die wesentlichen Aspekte des Gesprächsthemas im Kopf.

Durch eine angemessene Vorbereitung stellen Sie sicher, dass

- sich die Gesprächsdauer in einem angemessenen Rahmen hält,
- Sie sich nicht auf der Beziehungsebene festfahren,
- auch die Mitarbeiter ihre Anliegen in das Gespräch einbringen können,
- die Gesprächsziele erreicht werden oder man ihnen zumindest näher kommt und
- die Gespräche mit einem für beide Seiten akzeptablen Ergebnis enden.

Um nichts zu vergessen, sollten Sie besonders wichtige Gespräche schriftlich vorbereiten. Das zwingt Sie zu mehr Konsequenz und erlaubt Ihnen während des Gesprächs einen Rückgriff auf Ihre Vorüberlegungen.

Organisatorische Vorbereitung

Ob eine schriftliche oder mündliche Einladung erfolgt, hängt vom Gesprächsanlass ab. Zu komplexeren Gesprächen, die in einem festen Turnus stattfinden (z. B. Zielvereinbarungs-, Jahres- oder Beurteilungsgespräch), können Sie den Mitarbeiter schriftlich einladen. Kurzfristigere und weniger umfangreiche Gespräche (z. B. ein Feedbackgespräch) werden meist mündlich abgesprochen. Wichtig ist vor allem, dass der Mitarbeiter rechtzeitig über Zeitpunkt, Ort und Anlass des Gesprächs informiert wird. Nur so kann auch er sich auf das Gespräch vorbereiten.

Termin und Ort sollten so gewählt werden, dass das Gespräch in Ruhe und ohne Unterbrechungen geführt werden kann. Die eigentliche Gesprächsdauer hängt vom jeweiligen Anlass und den beteiligten Personen ab; einen Richtwert gibt es nicht.

> Planen Sie nicht nur Zeit für Ihre eigenen Themen ein, sondern lassen Sie auch Raum für die Anliegen Ihres Gesprächspartners.

Und welcher Ort eignet sich am besten? Die meisten Mitarbeitergespräche werden sicherlich im Büro des Vorgesetzten geführt. Verschanzen Sie sich aber nicht hinter Ihrem Schreibtisch, sondern nutzen Sie z. B. einen geeigneten Besprechungstisch. Damit signalisieren Sie dem Mitarbeiter, dass das Gespräch für Sie eine besondere Bedeutung hat. Wenn Sie selbst über kein eigenes Büro verfügen, sollten Sie einen zentralen Besprechungsraum benutzen.

Auch der Arbeitsplatz des Mitarbeiters kann als Gesprächsort gewählt werden, wenn die notwendige Ruhe herrscht und die Vertraulichkeit sichergestellt ist. Durch ein Gespräch am Arbeitsplatz entziehen Sie der Vorgesetzten-Mitarbeiter-Situation, die für viele Mitarbeiter gesprächshemmend wirkt, ein Stück weit die Basis und schaffen Vertrauen beim Mitarbeiter.

Die wichtigsten Aspekte der organisatorischen Gesprächsvorbereitung sind in der nachfolgenden Checkliste zusammengefasst.

Checkliste: Organisatorische Gesprächsvorbereitung

	✓
▪ Wann findet das Gespräch statt?	
▪ Wurde genügend Zeit eingeplant – für das eigene Anliegen? – für die Anliegen des Mitarbeiters?	
▪ Wo findet das Gespräch statt?	
▪ Wurde (falls nötig) ein Besprechungsraum gebucht?	
▪ Ist der Besprechungsraum vorbereitet?	
▪ Sind Störungen ausgeschlossen?	
▪ Wurde der Mitarbeiter rechtzeitig informiert – über den Termin und Ort? – über den Gesprächsanlass? – über notwendige Vorbereitungen?	
▪ Sind alle benötigten Unterlagen vorbereitet?	
▪ Stehen die notwendigen Hilfsmittel zur Verfügung (z. B. Visualisierungshilfen, Block)?	
▪ Bestehen faire Sitzverhältnisse?	
▪ Steht eine Bewirtung bereit?	
▪ Gibt es weitere Gesprächsteilnehmer? – Sind diese über Zeitpunkt, Ort und Inhalt des Gesprächs informiert? – Wer übernimmt welchen Gesprächsteil?	

Inhaltliche Vorbereitung

Nach Art und Inhalt eines Gesprächs kann zwischen der Unterhaltung und dem Zweckgespräch unterschieden werden. Bei der Unterhaltung geht es lediglich um die Kontaktpflege zur anderen Person; andere Ziele sind im Allgemeinen nicht damit verbunden. Das Mitarbeitergespräch ist dagegen ein Zweckgespräch, das über die Kontaktpflege hinaus mit einer ganz bestimmten Absicht geführt wird.

Werden Sie sich über Ihr Gesprächsziel klar

Vorgesetzter und Mitarbeiter verfolgen im Mitarbeitergespräch ganz bestimmte Ziele, die sie erreichen wollen. Je mehr Klarheit über das verfolgte Ziel besteht, desto besser kann die Gesprächsführung darauf ausgerichtet werden und desto leichter kann überprüft werden, ob das Ziel auch erreicht wurde.

> Am Ende des Gesprächs sollte jeder Teilnehmer das Gefühl haben, etwas erreicht zu haben.

Das Gesprächsziel muss realistisch sein, d. h. im Mitarbeitergespräch müssen rechtlich mögliche und persönlich zumutbare Ziele vertreten werden. Um über die notwendige Flexibilität zu verfügen, ist in manchen Gesprächen zwischen einem wünschenswerten Maximalziel und dem mindestens zu erreichenden Minimalziel zu unterscheiden. Für den Fall, dass die ursprüngliche Zielrichtung aufgrund neuer, sich erst im Gespräch ergebender Tatbestände dennoch nicht verfolgt werden kann, können zusätzlich Alternativziele überlegt werden.

Beispiel: Gehaltsgespräch

Ein Mitarbeiter, der außerhalb der tariflichen Änderungen schon lange nicht mehr berücksichtigt wurde, hat um ein Gehaltsgespräch gebeten. Wegen der angespannten wirtschaftlichen Situation möchte der Vorgesetzte mit einer sehr niedrigen oder ganz ohne eine Gehaltserhöhung durchkommen und überlegt sich deshalb Alternativen, um den Mitarbeiter zufrieden zu stellen.

Maximalziel: Weder finanzielle noch sonstige Zusagen (das wäre allerdings unrealistisch, denn dann hätte der Mitarbeiter im Gespräch keinerlei Erfolgserlebnis).

Minimalziel: Kleine Erhöhung des Entgelts, welche die bestehenden Relationen in der Arbeitsgruppe nicht zerstört.

Alternativziele: Großzügige Genehmigung der Teilnahme an Weiterbildungsmaßnahmen oder neue, attraktivere Abgrenzung des Aufgabengebiets mit späterer Auswirkung auf das Gehalt.

Durch die Formulierung von Minimal- oder Alternativzielen besteht die Möglichkeit, dem Mitarbeiter auf jeden Fall eine Zusage machen zu können, sodass er nicht ohne jeden Erfolg aus dem Gespräch geht.

Checkliste: Inhaltliche Gesprächsvorbereitung

- Um was geht es (Gesprächsthema, -anlass)?

- Verfüge ich über ausreichend Informationen zum Gesprächsgegenstand?

- Welche Themen sollen im Gespräch angesprochen werden?

- Welches Gesprächsziel wird verfolgt?

- Gibt es noch Teil- oder Alternativziele, falls das Hauptziel nicht erreicht werden kann?

- Wie argumentiere ich, um meine Ziele zu erreichen?

- Mit welchen Einwendungen ist zu rechnen?

- Wie gliedere ich das Gespräch?

- Bin ich mit allen für den Gesprächsanlass relevanten Fakten vertraut?

Wie Sie sich auf den Gesprächspartner einstellen können

Kein Gespräch wird völlig sachlich verlaufen, denn schließlich reden zwei Menschen miteinander und nicht zwei Roboter. Je besser das Verhältnis zwischen den Gesprächspartnern ist, desto mehr wird das Gespräch auf der Sachebene geführt, d. h. Inhalte werden besser verstanden, miteinander besprochen, und das Gespräch führt zu einer echten Lösung, Einigung oder Entscheidung. Die nachfolgende Checkliste nennt Ihnen einige Aspekte, anhand derer Sie sich auf Ihren Gesprächspartner als Mensch einstellen können.

Checkliste: Vorbereitung auf den Gesprächspartner

- Welche Einstellung habe ich zum Gesprächspartner (Vorurteile, Sympathie, Antipathie, ...)?
- Wie schätze ich unsere Beziehung zueinander ein – auch aus seiner Sicht?
- Wie verliefen frühere Gespräche mit diesem Mitarbeiter?
- Was weiß ich über diesen Mitarbeiter (z. B. persönliche Situation, Gemeinsamkeiten, Lieblingsthemen, Eigenarten)?
- Welche Ziele und Motive verfolgt der Mitarbeiter?
- Welche Taktik wird er im Gespräch vermutlich anwenden?
- Bei welchen Aspekten ist mit Zustimmung zu rechnen, wann mit Einwendungen?

- Was kann ich tun, wenn das Gespräch zu emotional wird?

Darüber hinaus können Sie das Formular auf Seite 26 bei wichtigen Mitarbeitergesprächen verwenden, für die eine schriftliche Vorbereitung erforderlich ist. Die Schriftlichkeit fördert die Verbindlichkeit; im Gespräch dient Ihnen das Vorbereitungsblatt als roter Faden.

Auch der Mitarbeiter sollte sich vorbereiten

Effiziente Gespräche zeichnen sich durch eine gute Vorbereitung beider Gesprächspartner aus. Bereiten Sie sich daher nicht nur selbst vor, sondern veranlassen Sie auch den Mitarbeiter hierzu. Bitten Sie ihn in der Gesprächseinladung ausdrücklich, sich ausreichend Gedanken zu machen. Unterstützen Sie die Vorbereitung des Mitarbeiters durch einen entsprechenden Fragenkatalog (z. B. beim Jahresmitarbeitergespräch oder beim Fördergespräch).

Bei der Mitarbeiterbeurteilung fordern manche Unternehmen die Mitarbeiter mit der Einladung auf, eine Beurteilung über sich selbst zu erstellen. Diese wird dann im Beurteilungsgespräch als erstes besprochen.

Formular Gesprächsvorbereitung

Gesprächsvorbereitung	
Anlass:	Teilnehmer:
Ort:	Termin:
Gesprächsziel:	
Teilziele:	
Alternative Ziele:	
Meine wichtigsten Argumente:	
Grobgliederung des Gesprächs:	
Der Gesprächspartner:	
Besondere berufliche/ persönliche Situation:	
Besondere Eigenarten:	
Erwartete Einwendungen:	
Erfahrungen aus früheren Gesprächen:	

Techniken der Gesprächsführung

Ob Sie die richtigen Fragen stellen, aktiv zuhören oder einen Einwand zurückstellen – Sie haben viele Möglichkeiten, das Gespräch in eine sinnvolle Richtung zu lenken.

In diesem Kapitel erfahren Sie,

- mit welchen Maßnahmen Sie eine angenehme Gesprächsatmosphäre herbeiführen (S. 28),
- welche Fragetechniken Sie anwenden können (S. 32),
- wie Sie mit Einwendungen richtig umgehen (S. 40),
- wie Sie überzeugend argumentieren und aktiv zuhören (S. 43/45) und
- wie ein Mitarbeitergespräch beispielhaft strukturiert ist (S. 47).

Sorgen Sie für eine angenehme Gesprächsatmosphäre

Die Verantwortung für den Gesprächsablauf liegt beim Vorgesetzten. Er ist der Erfahrenere und hat auf die Einhaltung der grundlegenden Regeln der Gesprächsführung zu achten. Einseitige Monologe sind nicht gefragt; ein für beide Seiten sichtbarer Gesprächserfolg wird nur erreicht, wenn auch der Mitarbeiter ausreichend zu Wort kommt.

> Vom Vorgesetzten hängt es letztlich ab, ob er nicht nur zu, sondern auch mit seinem Mitarbeiter spricht.

Akzeptieren Sie, dass die Meinungen und Verhaltensweisen des Mitarbeiters oftmals von Ihren eigenen abweichen werden. Versuchen Sie, den Standpunkt des Mitarbeiters, seine Motive und Bedürfnisse nachzuvollziehen. Arbeiten Sie im Gespräch folgende Punkte deutlich heraus:

- die Sichtweise und Bedürfnisse Ihres Mitarbeiters,
- Ihre eigene Meinung und Motive sowie
- die daraus resultierenden Unterschiede.

Suchen Sie mit dem Mitarbeiter zusammen nach Lösungen, die für Sie beide annehmbar sind.

Im Folgenden finden Sie einige Regeln, die allgemein für die Gesprächsführung und für das Mitarbeitergespräch im Besonderen gelten.

Regeln zur Gesprächsführung

- Stellen Sie sicher, dass das Gespräch ohne störenden Umgebungslärm und Unterbrechungen durchgeführt werden kann. Wenn nur irgend möglich, sollte das Gespräch unter vier Augen geführt werden.
- Planen Sie genügend Zeit ein. Führen Sie keine Gespräche in Hast oder aus einer unmittelbaren Erregung heraus (Tipp: Eine Nacht darüber schlafen!). Verschieben Sie ein Gespräch, falls Gefahr besteht, dass es nicht zu Ende geführt werden kann.
- Schenken Sie Ihrem Gesprächspartner Aufmerksamkeit! Machen Sie deutlich, dass es während des Gesprächs nichts Wichtigeres als den Gesprächspartner und das Gesprächsthema gibt.
- Stellen Sie etwas Positives an den Beginn des Gesprächs (z. B. einen Hinweis auf eine jahrelange gute Zusammenarbeit). Allerdings darf diese positive Einleitung nicht über Gebühr ausgedehnt werden. Berücksichtigen Sie, dass Ihr Mitarbeiter irgendwann auch „zur Sache" kommen will.
- Legen Sie den Gesprächsablauf vorher fest, damit Sie nichts Wesentliches vergessen. Belassen Sie es aber bei einer Grobgliederung (Halbstrukturierung), damit Ihnen im Gespräch genügend Spielraum für flexible Reaktionen bleibt.
- Behalten Sie das Gesprächsziel im Auge. Gehen Sie auf Beiträge des Mitarbeiters, die über das eigentliche Thema hinausführen, zwar ein, versuchen Sie aber trotzdem, zum vorgesehenen Gesprächsinhalt zurückzuführen.

- Zeigen Sie Geduld. Fordern Sie Ihren Gesprächspartner auf, seine eigene Meinung zu formulieren, und hören Sie ihm aktiv zu. Lassen Sie Sprechpausen zu, auch wenn es schwer fällt, Schweigen und Stille zu ertragen. Damit signalisieren Sie Interesse und Sie geben dem Mitarbeiter Gelegenheit, einen eigenen Lösungsvorschlag zu formulieren. Nicht zuletzt gewinnen Sie dabei Zeit für die eigene Argumentation.
- Gehen Sie offen und ohne vorgefasste Meinung in das Gespräch; reagieren Sie flexibel und urteilen Sie nicht vorschnell.
- Sprechen Sie Negatives (z. B. im Kritikgespräch) zwar deutlich aus, aber ohne persönlichen Vorwurf. Kritik hat sich an der Sache und nicht an der Person zu orientieren. Führen Sie Kritik konstruktiv, indem Sie Hilfen anbieten und gemeinsam überlegen, was getan werden kann, um das Fehlverhalten künftig zu vermeiden.
- Scheuen Sie sich bei Fehleinschätzung einer Situation (z. B. im Beurteilungsgespräch) nicht, auch einmal einen eigenen Irrtum zuzugeben oder ein Urteil zu revidieren.
- Der Ton macht die Musik. Formulieren Sie sachlich und werden Sie nicht persönlich. Führen Sie das Gespräch nicht „zu kurz angebunden" oder in gereiztem Ton. Überprüfen Sie, ob Sie Ihre eigenen Formulierungen auch dem Gesprächspartner gestatten würden.
- Halten Sie die eigene Meinung zunächst zurück und lassen Sie erst den Mitarbeiter sprechen. Fordern Sie schüchterne Mitarbeiter ausdrücklich auf, sich zu äußern.

- Gehen Sie auf die Ausführungen Ihres Mitarbeiters ein. Nehmen Sie aber nicht zu früh Stellung, sonst beeinflussen Sie ihn womöglich.
- Urteilen Sie nicht vorschnell, sondern überprüfen Sie gegebenenfalls nochmals die Fakten. Zeigen Sie dem Mitarbeiter, dass Sie sich mit dem Anliegen befassen, indem Sie einen weiteren Gesprächstermin vereinbaren.
- Zeigen Sie im Gespräch Emotionen, soweit die Beziehung und das Vertrauen gegenüber Ihrem Gesprächspartner dies zulassen.
- Achten Sie im Gespräch auf Ihr eigenes nonverbales Verhalten, aber auch auf das Ihres Gesprächspartners. Insbesondere Informationen auf der Beziehungsebene werden nonverbal kommuniziert. Ihre Worte und Ihr nonverbales Verhalten dürfen sich nicht unterscheiden; andernfalls wirken Sie unglaubwürdig.
- Missverständnisse haben viele Ursachen: eine unterschiedliche Sprache, ungleiche Vorerfahrungen, gedankliche Abwesenheit im Gespräch. Seien Sie dafür sensibel und klären Sie Missverständnisse möglichst rasch auf.
- Behandeln Sie die Gesprächsinhalte vertraulich. Dies gilt besonders dann, wenn der Mitarbeiter Ihnen Persönliches anvertraut hat.
- Versprechen Sie nichts, was Sie nicht halten können. Ein Vorgesetzter kann z. B. nur selten ohne Rücksprache eine verbindliche Zusage über die Erhöhung des Arbeitsentgelts oder eine Versetzung machen; er kann allenfalls versprechen, sich dafür einzusetzen.

- Haben Sie Mut, ein Gespräch abzubrechen, wenn alle wesentlichen Argumente ausgetauscht sind und keine Weiterentwicklung in der Sache zu erwarten ist.
- Führen Sie ergebnisorientierte Mitarbeitergespräche; behalten Sie das Gesprächsziel im Auge. Fassen Sie Teilergebnisse zwischendurch immer wieder zusammen. Resümieren Sie am Ende des Gesprächs nochmals die wesentlichen Absprachen, um dem Mitarbeiter zu zeigen, was bei dem Gespräch erreicht wurde. Dies hilft auch Missverständnisse zu erkennen und frühzeitig aus dem Weg zu räumen. Treffen Sie verbindliche Vereinbarungen und halten Sie diese schriftlich fest.
- Führen Sie keine Alibigespräche, wenn bereits alle Entscheidungen verbindlich getroffen worden sind.
- Sorgen Sie für einen Gesprächsabschluss in gutem Einvernehmen – schließlich müssen Sie ja mit diesem Mitarbeiter weiter zusammenarbeiten. Vorher bestehende Missverständnisse sollten durch das Gespräch ausgeräumt sein.

Fragen – ein nützliches Instrument

Die Fragetechnik ist eines der wichtigsten Instrumente einer erfolgreichen Gesprächsführung. Das gilt auch für das Mitarbeitergespräch. Richtig gestellte Fragen nützen sowohl dem Vorgesetzten als auch dem Mitarbeiter.

- Unsichere und verschlossene Mitarbeiter können durch einfache Fragen zum Reden gebracht werden. Oft reichen schon einige vorbereitete Eröffnungsfragen, um die Anfangshemmungen zu überwinden oder die notwendige Gesprächsatmosphäre herzustellen.

- Wenn ein Gesprächspunkt abgehandelt ist, kann das Gespräch durch eine geeignete Frage weitergeführt werden. Oder es wird bewusst in eine erwünschte Richtung oder auf ein Problem gelenkt, das besprochen werden muss. Ein zurückhaltender Mitarbeiter kann durch Fragen zum Mitdenken oder zu einer Stellungnahme gezwungen werden.
- Hauptaufgabe einer richtig eingesetzten Fragetechnik ist sicherlich, dass sie dem Fragesteller die notwendigen Informationen verschafft. Bei vielen Gesprächsanlässen gilt es zunächst, Sachverhalte bzw. Probleme zu klären. Durch Fragen erfahren Sie aber auch mögliche Bedenken oder Einwendungen Ihrer Mitarbeiter, auf die Sie dann auch eingehen können.
- Durch treffende Fragen zur Sache signalisieren Sie Ihrem Mitarbeiter, dass Sie an seinen Aussagen interessiert sind. Außerdem verdeutlichen Sie Ihre Bereitschaft, dem anderen aktiv zuzuhören.
- Manchmal kann es auch notwendig sein, durch eine Frage zunächst etwas Zeit zu gewinnen, um sich auf diese Weise vor einer unüberlegten Antwort zu schützen. Fragen sind außerdem eine bewährte Methode, um auf Einwendungen zu reagieren.

Neben diesen vielen Vorteilen dürfen zwei Probleme beim Einsatz der Fragetechnik nicht verschwiegen werden: Die Frage soll weder zum bohrenden Ausfragen benutzt werden noch als ein Instrument, um Ihre Mitarbeiter zu manipulieren.

Die nachfolgend dargestellten Fragearten verdeutlichen recht anschaulich, welche Fragen für eine zielgerichtete, mitarbeiterorientierte Gesprächsführung geeignet sind. Für sämtliche Beispiele wurde als Anwendungssituation ein Einführungsgespräch unterstellt.

Wann bietet sich welche Frage an?

Es gibt verschiedene Arten von Fragen, die wir Ihnen im Folgenden vorstellen werden:

Offene Fragen

Offene Fragen lassen dem Befragten einen breiten Spielraum für die Antwort. Sie beginnen mit einem Fragewort (wozu, weshalb, womit, wieso, wie usw.) und können nicht mit „ja" oder „nein" beantwortet werden. Offene Fragen sind besonders gut geeignet, wenn umfassende Informationen erfragt werden sollen. Aber auch am Anfang eines Gesprächs oder bei schüchternen Mitarbeitern sind offene Fragen ein bewährtes Mittel, um das Gespräch in Gang zu bringen.

Beispiel

Was für Erfahrungen haben Sie mit der Tabellenkalkulation?

Geschlossene Fragen

Geschlossene Fragen beginnen mit einem Verb oder Hilfsverb. Sie lassen sich in der Regel nur mit „ja" oder „nein" beantworten. Geschlossene Fragen eignen sich zur Steuerung von Gesprächen und als Entscheidungsfragen. Aber Vorsicht: Wenn zu viele geschlossene Fragen eingesetzt werden, gerät das Gespräch zum „Verhör". Das stößt bei den Mitarbeitern auf Ablehnung.

Beispiel

Haben Sie Erfahrung mit der Tabellenkalkulation?

Steuerungsfragen

Steuerungsfragen, auch hinführende Fragen, sollen – in nicht zu plumper Weise – die Gedanken der Gesprächspartner auf einen erwünschten Gesprächspunkt bzw. Sachverhalt lenken.

Beispiel

Wie sah es in Ihrem früheren Betrieb mit Überstunden aus?

Alternativfragen

Alternativfragen (Entscheidungsfragen) geben dem Befragten Wahlmöglichkeiten für die nachfolgende Antwort vor. Bei richtiger Anwendung fällt die Antwort für den Fragesteller immer positiv aus.

Beispiel

> Möchten Sie zunächst lieber am Projekt A oder am Projekt B mitarbeiten?

Kontrollfragen

Kontrollfragen dienen dazu festzustellen, ob die Partner einen Gedankengang nachvollzogen haben oder ob bestimmte Informationen oder Gesprächsergebnisse richtig verstanden wurden. Sie eignen sich auch für den Abschluss eines Gesprächs bzw. eines Teilabschnitts.

Beispiel

> Wir sind uns also einig, dass Sie in der Projektgruppe A beginnen?

Ablenkungsfragen

Ablenkungsfragen (weiterführende Fragen) leiten zu einem neuen Aspekt über, ohne dass auf die vorhergehenden Aussagen – z. B. Einwände, Behauptungen – eingegangen wird. Dadurch können – falls erwünscht – Diskussionen mit dem Partner oder Korrekturen seiner Aussagen vermieden werden.

Beispiel

> Mitarbeiter: Ich nehme an, dass ich den Firmenwagen auch privat nutzen kann!
>
> Vorgesetzter (der auf diese Frage nicht vorbereitet ist): Was für ein Auto fahren Sie eigentlich privat?

Fragearten, mit denen Sie vorsichtig umgehen sollten

Im Folgenden lernen Sie noch einige Fragearten kennen, die Sie, wenn überhaupt, nur äußerst behutsam einsetzen sollten:

- **Provozierende Fragen** sollen die Gesprächspartner aus der Reserve locken und damit die Diskussion in Gang bringen. Sie werden auch benutzt, um dem Partner Informationen herauszulocken, die er sonst möglicherweise zurückgehalten hätte. Wegen des negativen Einflusses auf die Gesprächsatmosphäre und der besonderen Situation sollten provozierende Fragen im Mitarbeitergespräch möglichst vermieden werden.

Beispiel

> ➡ Mussten Sie bei Ihrer früheren Tätigkeit auch einmal wirkliche Entscheidungen treffen?

- **Motivationsfragen** (stimulierende Fragen) sollen durch „partnerfreundliche" Formulierungen (Streicheleinheiten!) das Gesprächsklima positiv beeinflussen. Sie werden allerdings häufig als manipulativ, unehrlich oder als ironisch empfunden.

Beispiel

> ➡ Würden Sie mit Ihrer großen Erfahrung in der Tabellenkalkulation zunächst in der Arbeitsgruppe D arbeiten?

- **Suggestivfragen** beinhalten bereits eine Meinung und sollen bewirken, dass sich die Befragten dieser Meinung anschließen. Die Beeinflussung wird durch die Wörter *doch, auch, sicher, ebenfalls* usw. erreicht. Wegen ihres manipulativen Charakters stoßen Suggestivfragen auf Ablehnung und sollten weitgehend vermieden werden.

Beispiel

Es macht Ihnen doch sicherlich nichts aus, gelegentlich einmal Überstunden zu machen?

- Bei einer **Gegenfrage** (Rückfrage) wird auf eine Frage des Partners nicht die mögliche Antwort gegeben, sondern mit einer Frage reagiert. Das verschafft in jedem Fall einen minimalen Zeitgewinn; außerdem bewirkt die Gegenfrage in vielen Fällen, dass die ursprüngliche Fragestellung abgewandelt wird bzw. völlig verloren geht oder vom Fragesteller selbst beantwortet wird. Häufig erbringt die Gegenfrage auch zusätzliche Informationen, an denen sich die spätere Antwort orientieren kann. Die Gegenfrage hat teilweise destruktiven Charakter oder wird als unhöflich empfunden. Deshalb sollte sie nur in Notsituationen eingesetzt werden.

  Die beiden einfachsten Formen der Gegenfrage liegen vor, wenn Sie so tun, als haben Sie die Frage Ihres Partners akustisch oder inhaltlich nicht verstanden.

Beispiele

> Wie bitte?
> Wie meinen Sie das?

Mit der Gegenfrage können auch ganz bestimmte gesprächstaktische Absichten verfolgt werden, wie sie schon bei den anderen Fragearten dargestellt wurden, z. B.:

– Gegenfrage als Ablenkungsfrage
– Gegenfrage als Kontrollfrage
– Gegenfrage als Suggestivfrage
– Gegenfrage als Alternativfrage

Regeln zur Fragetechnik

Einige der vorstehenden Beispiele zeigen, dass die Grenze zwischen fairem und unfairem Frageverhalten sehr eng sein kann. Sinn und Möglichkeiten der Fragetechnik wären verfehlt, wenn diese nur als Instrument einer destruktiven Gesprächsführung verstanden würde.

Neben dem Aspekt Fairness gibt es einige weitere Regeln, die grundsätzlich beachtet werden sollten:

- Stellen Sie nicht mehrere Fragen gleichzeitig! Sonst laufen Sie Gefahr, dass nur die einfacheren beantwortet werden und der Rest verloren geht.
- Geben Sie mit der Fragestellung keine Vorausinformationen, an denen sich die Befragten orientieren können.

Beispiel

> Wollen Sie etwa fragen, ob Ihr neuer Mitarbeiter bereit ist, auch längere Reisen zu unternehmen, sollten Sie lieber den ersten Teil der folgenden Äußerung weglassen:
>
> „Bei dieser Tätigkeit müssen Sie viel unterwegs sein! Reisen Sie gerne?"

- Lassen Sie dem Befragten Zeit zum Nachdenken; beantworten Sie Ihre Frage nicht zu schnell selbst!
- Stellen Sie nicht zu viele Suggestivfragen!
- Formulieren Sie Ihre Fragen kurz und eindeutig!

Mit Einwendungen richtig umgehen

Ihre Mitarbeiter werden nicht alle Ihre Vorschläge sofort akzeptieren. Es ist etwas ganz Normales, dass gelegentlich auch Einwendungen formuliert werden. Wichtig ist, wie Sie mit solchen Einwendungen umgehen. Gerade im Mitarbeitergespräch besteht die Gefahr, dass aufgrund der Vorgesetzten-Mitarbeiter-Situation ein Einwand schnell überspielt wird.

Es gibt zahlreiche Möglichkeiten, auf Einwände zu reagieren. Eine Regel gilt allerdings in jedem Fall: Der Mitarbeiter muss erkennen, dass Sie seinen Einwand ernst nehmen. Andernfalls wird er das Gespräch unzufrieden verlassen. Hören Sie den Einwand des Mitarbeiters in Ruhe an. Antworten Sie nicht zu rasch, sondern legen Sie vor Ihrer Antwort eine kurze Denkpause ein. Das wirkt glaubhaft und zeigt dem Mitarbeiter, dass Sie sich mit seinem Einwand auseinandersetzen. Außerdem gewinnen Sie selbst Zeit zum Nachdenken und können mit einer überzeugenden Antwort reagieren.

Einwand aufgreifen

Die überzeugendste Methode ist sicherlich, den Einwand aufzugreifen und darauf einzugehen. Das kann mit Hilfe folgender Formulierungen geschehen:

Beispiele

Sie meinen also, ...
Sprechen wir darüber, was Ihnen nicht gefällt:
Warum sind Sie damit nicht einverstanden?

Gemeinsam überlegen

Eine ebenfalls bewährte Möglichkeit ist es, das Für und Wider eines Einwands gemeinsam zu erarbeiten. Bei einem besonders wichtigen Einwand kann das sogar schriftlich geschehen.

Beispiel

Wir wollen doch einmal gemeinsam überlegen und aufschreiben, was dafür und was dagegen spricht: ...

Einwand in Frageform wiederholen

Wenn Sie von einem Einwand überrascht werden, auf den Sie nicht vorbereitet sind, dann kann dieser zunächst in Frageform wiederholt werden. Das bringt auf jeden Fall einen kleinen Zeitgewinn. Außerdem fällt die Antwort zumeist viel weitschweifiger aus, teilweise wird der Einwand sogar selbst beantwortet.

Beispiel

Sie meinen also, ...

Rhetorische Zustimmung („Ja-aber-Methode")

Bereits mehr taktischer Natur ist die bekannteste Methode zur Einwandbehandlung, die so genannte „Ja-aber-Methode". Dem Partner wird zunächst rhetorisch zugestimmt, diese Zustimmung wird danach aber sofort wieder eingeschränkt. Statt des Wörtchens „Ja" werden auch andere zustimmende Formulierungen gebraucht.

Beispiele

Sicherlich haben Sie recht, jedoch .../Da stimme ich Ihnen zu, allerdings.../Das ist richtig, obwohl .../Das sehe ich auch so, dennoch ...

Erwartete Einwendungen vorwegnehmen

Taktische Überlegungen herrschen auch vor, wenn ein Einwand vorweggenommen wird. Es handelt sich um eine Art vorweggenommenes „Ja, aber". Damit wird dem Partner das Gefühl vermittelt, dass Sie in seinen Problemkategorien denken.

Beispiel

Sie werden nun sicherlich einwenden, dass ... Jedoch ...

Einwand zurückstellen

Verbreitet ist auch die Methode, einen Einwand zunächst zurückzustellen. Das wirkt dann besonders glaubhaft auf den Partner, wenn der Einwand zusätzlich auch noch aufgeschrieben wird. Das Aufschreiben bietet aber keinerlei Gewähr dafür, dass der Einwand je wieder aufgegriffen wird.

Beispiel

Auf diesen Einwand werde ich später eingehen, wir wollen zunächst noch über ... sprechen.

Überhören

Zu den taktischen Varianten gehört auch das Überhören eines Einwands. Sie hören dem Partner zwar aufmerksam zu, gehen jedoch nicht auf den Einwand ein. Mancher Gesprächsteilnehmer wird in einem solchen Fall automatisch weitersprechen und zum nächsten Gedanken übergehen. Die Überhörmethode eignet sich besonders als Reaktion auf emotionale Einwendungen.

Beispiel

Das sagen Sie doch nur, um mich zu provozieren!

Überzeugen statt überreden

Vorgesetzter und Mitarbeiter verfolgen im Gespräch in aller Regel unterschiedliche Gesprächsziele. Der Vorgesetzte möchte den Mitarbeiter für die eigene Sichtweise sowie die eigenen Ideen und Vorschläge gewinnen. Das sollte allerdings durch Überzeugen und nicht durch Überreden geschehen.

Überreden bedeutet, den Gesprächspartner geschickt zu manipulieren, um möglichst zügig dessen Zustimmung zu erhalten. Ein solcher Erfolg ist zumeist nur kurzfristig. Denn wenn der Gesprächspartner später Zeit und Ruhe hat, sich zu überlegen, wie seine Zustimmung zustande gekommen ist, wird er die Manipulation erkennen. Und damit ist das Vertrauen für weitere Gespräche beschädigt.

Die bessere Lösung ist, den Mitarbeiter unter Beachtung seiner Interessen sachlich zu überzeugen. Im Idealfall führt eine überzeugende Argumentation dazu, dass

- Sachverhalte gemeinsam analysiert werden,
- Meinungen, Bewertungen und Unterschiede der Gesprächspartner herausgearbeitet werden und
- eine Lösung gefunden wird, die für beide Seiten akzeptabel ist.

Die wichtigsten Regeln für eine überzeugende und kooperative Argumentation fasst die folgende Checkliste zusammen.

Checkliste: Überzeugend argumentieren

- Die eigenen Ziele und Argumente vorbereiten, mögliche Gegenargumente des Partners vorausdenken.
- Alternativen und Kompromisse zu den eigenen Zielen überlegen (vgl. auch Seite 20).
- Ziele und Absichten zu Beginn des Gesprächs offen ansprechen.
- Argumente logisch aufeinander aufbauen, nicht abschweifen.
- Nicht alle Argumente auf einmal vorbringen, um nicht die gesamte Munition gleich zum Beginn des Gesprächs zu verschießen.
- Schwächere Argumente zuerst, stärkere Argumente zum Schluss bringen (Prinzip der Steigerung).

- Die Sprache des Gesprächspartners sprechen.
- Bedürfnisse und Anliegen des Gesprächspartners berücksichtigen.
- Den Partner auffordern, eigene Ideen und Gedanken einzubringen.
- Auf die Argumente des Partners eingehen; offen sein, wenn sich daraus neue Erkenntnisse ergeben.
- Eigene Argumentation gegebenenfalls neu ausrichten
- Sprechpausen zulassen, die dem Gesprächspartner Zeit zum Überdenken geben.

Aktiv zuhören

Die mangelhafte Fähigkeit, dem anderen richtig zuzuhören, ist Ursache für viele Missverständnisse im Gespräch. Wer im Gespräch richtig zuhört,

- erhält von seinem Gesprächspartner wichtige Sachinformationen,
- bringt ihm gegenüber Wertschätzung zum Ausdruck,
- lernt dessen Meinungen, Wünsche und Bedürfnisse kennen und kann entsprechend darauf reagieren,
- gewinnt wichtige Anhaltspunkte für die eigene Argumentation,
- vermeidet Missverständnisse,
- regt den Gesprächspartner zum Weiterreden an und
- erarbeitet gemeinsam mit seinem Gesprächspartner echte Problemlösungen.

Zeigen Sie dem Mitarbeiter Ihre Bereitschaft zum aktiven Zuhören. Nehmen Sie sich Zeit und signalisieren Sie Aufmerksamkeit durch nonverbales Verhalten, z. B. durch Blickkontakt, zugewendete Sitzhaltung, Kopfnicken. Versuchen Sie, neben dem rein akustischen Verstehen zu erkennen, was der Mitarbeiter mit seinen Worten tatsächlich gemeint hat.

Bevor Sie sich ein eigenes Urteil aus Ihrer Sichtweise bilden, sollten Sie sich in die Lage Ihres Mitarbeiters versetzen. Versuchen Sie, seine Position einzunehmen. Erfragen Sie seine Motive und Bedürfnisse und arbeiten Sie die Differenzen heraus, ohne ihn zu verletzen. Erst wenn Sie die Unterschiede kennen, können Sie auch nach geeigneten Lösungen suchen.

Checkliste: Aktives Zuhören

- Vermeiden Sie es, aus dem Fenster zu sehen, mit Gegenständen zu spielen oder in den Unterlagen herumzumalen; dadurch drücken Sie Desinteresse aus.
- Sehen Sie nicht zu häufig auf die Uhr.
- Fragen Sie nach! So zeigen Sie Interesse an Ihrem Gesprächspartner, ermuntern ihn zum Weiterreden und klären, wenn Sie etwas nicht verstanden haben.
- Paraphrasieren Sie! Das bedeutet, dass Sie die sachliche Aussage Ihres Gesprächspartners mit eigenen Worten formulieren.
- Greifen Sie die Aussagen Ihres Gesprächspartners auf oder wägen Sie seine Argumente und Sichtweisen ab; auch so demonstrieren Sie Interesse.

- Fassen Sie die Gesprächsinhalte von Zeit zu Zeit zusammen. So sichern Sie wichtige Aussagen und Zwischenergebnisse und tragen zu einem strukturierten Gespräch bei.
- Stellen Sie fehlerhafte oder unlogische Äußerungen des Mitarbeiters richtig.
- Fassen Sie die Kernaussagen in eigenen Worten zusammen: „Habe ich Sie richtig verstanden, dass ...?"
- Hören Sie geduldig zu. Unterbrechen Sie Ihren Gesprächspartner nicht und lassen Sie ihm Zeit, seine Gedanken zu formulieren.
- Lassen Sie den Mitarbeiter aussprechen. Denken Sie nicht zu früh darüber nach, was Sie als nächstes fragen oder sagen wollen, denn dann hören Sie bereits nicht mehr zu.

So bauen Sie Mitarbeitergespräche auf

Für Mitarbeitergespräche kann es kein starres, jederzeit gültiges Ablaufschema geben. Wie bei vielen anderen Gesprächen ist der Ablauf nicht in allen Punkten exakt vorhersehbar. Außerdem dürfen die Mitarbeiter nicht das Gefühl haben, in eine festgeschriebene Gesprächsstruktur eingesperrt zu werden, die ihnen keine Gelegenheit gibt, ihre Vorstellungen in ausreichendem Maße einzubringen.

> Mitarbeitergespräche müssen unter Beachtung der jeweiligen Situation sowie der individuellen Eigenarten der beteiligten Personen geführt werden.

Bewährt haben sich halbstrukturierte Gespräche, bei denen der rote Faden vorgegeben wird und dennoch genügend Spielraum bleibt, um flexibel zu reagieren. Die abgedruckten Gliederungshilfen für die wichtigsten Gesprächsanlässe (ab Seite 51) können als Vorgabe für die Reihenfolge der einzelnen Gesprächspunkte verstanden werden oder auch nur als Hinweis auf mögliche Gesprächsinhalte. Außerdem tragen sie dazu bei, dass Sie sich bei etwas hitzigeren Gesprächssituationen nicht in Details verlieren, sondern in der eigentlichen Sache vorankommen.

Ein Gesprächsleitfaden für alle Fälle

Mit dem nachfolgenden Gesprächsleitfaden können Sie sich auf nahezu alle Mitarbeitergespräche vorbereiten. Sicherlich kann er Ihnen nicht die inhaltliche Argumentation abnehmen. Er trägt jedoch dazu bei, wesentliche Gesprächsteile nicht zu vergessen und das Gesprächsziel nicht aus den Augen zu verlieren. Darüber hinaus lässt er genügend Spielraum für unerwartete Richtungsänderungen im Gespräch.

Checkliste: Leitfaden zum Mitarbeitergespräch

1 Einleitung

- Höflichkeit und Freundlichkeit sind grundlegende Voraussetzungen eines jeden Gesprächs.
- Gehen Sie auf den Mitarbeiter zu, begrüßen Sie ihn und danken Sie ihm für sein Kommen.
- Setzen Sie sich mit ihm an einen geeigneten Tisch und unterstreichen Sie so die Bedeutung des Gesprächs.
- Stellen Sie einen persönlichen Kontakt her und tragen Sie so zu einem positiven und offenen Gesprächsklima bei.

2 Darstellung des Gesprächsanlasses

- Umreißen Sie den Gesprächsanlass und die Gesprächsziele.
- Stellen Sie dar, wie Sie im Gespräch vorgehen werden.
- Nennen Sie den Zeitrahmen.

3 Die Sichtweise des Mitarbeiters

- Idealerweise haben Sie den Mitarbeiter bei der Vereinbarung des Gesprächstermins veranlasst, sich selbst vorzubereiten.
- An dieser Stelle geben Sie ihm zunächst Gelegenheit, seine Sichtweise darzustellen.
- Unterbrechen Sie ihn in diesem Gesprächsabschnitt nicht, sondern machen Sie sich Notizen zu Punkten, auf die Sie später eingehen wollen. Fragen Sie jedoch nach, wenn Sie etwas nicht verstanden haben.

4 Ihre eigene Sichtweise

- Stellen Sie nun Ihre eigene Meinung dar, indem Sie seine Ausführungen bestätigen, korrigieren oder weiterführen.

5 Frustrationen abbauen

- Geben Sie dem Mitarbeiter Gelegenheit, seinen Gefühlen unumwunden Luft zu machen.
- Achten Sie an dieser Stelle nicht auf Sachlichkeit, sondern akzeptieren Sie die Emotionalität seiner Ausführungen.
- Kommentieren Sie diese Äußerungen nicht.
- Leiten Sie zum Kern des Gesprächs über.

6 Das sachliche Kerngespräch

- Arbeiten Sie gemeinsam mit dem Mitarbeiter die Unterschiede in den einzelnen Sichtweisen heraus.
- Suchen Sie gemeinsam nach Ursachen für diese unterschiedliche Betrachtungsweise.

- Suchen Sie nach Lösungen, die für Sie beide akzeptabel sind.
- Reden Sie nicht um den heißen Brei herum, sondern bringen Sie Ihre eigene Meinung deutlich zum Ausdruck und beziehen Sie Stellung.
- Seien Sie so flexibel, Ihre eigene Meinung zu ändern, wenn sich im Gespräch entsprechende Aspekte ergeben.
- Fassen Sie zusammen und sichern Sie Zwischenergebnisse.
- Behalten Sie das Gesprächsziel vor Augen.

7 Abschluss des Gesprächs

- Fassen Sie alle wichtigen Punkte noch einmal kurz zusammen.
- Vereinbaren Sie Ergebnisse und halten Sie diese schriftlich fest. Wer macht was bis wann?

8 Gesprächsauswertung

- Welche Maßnahmen müssen Sie veranlassen?
- Welche Gesprächsziele haben Sie erreicht?
- Welche neuen Erkenntnisse haben Sie über Ihren Gesprächspartner gewonnen und was sollten Sie bei zukünftigen Gesprächen beachten?

Regelmäßige Mitarbeitergespräche

Gespräche zu fest vereinbarten Regelterminen dienen in erster Linie dazu, sich über die gemeinsamen Ziele zu verständigen. Eines sollen diese turnusmäßigen Mitarbeitergespräche dabei aber nicht sein: eine bloße bürokratische Übung.

In diesem Kapitel lernen Sie die folgenden regelmäßig durchzuführenden Gesprächstypen kennen:

- das Zielvereinbarungsgespräch (S. 52),
- das Beurteilungsgespräch (S. 62),
- das Födergespräch (S. 71) und
- das Jahresgespräch (S. 77).

Was soll erreicht werden? Das Zielvereinbarungsgespräch

Im Zielvereinbarungsgespräch stimmt der Vorgesetzte mit seinem Mitarbeiter ab, welche operativen Ziele dieser im Rahmen seiner Tätigkeit erreichen soll. Beide vereinbaren gemeinsam, welche Anforderungen innerhalb einer bestimmten Zeitspanne auf den Arbeitsplatz des Mitarbeiters zukommen, welche Aufgaben daraus erwachsen werden und welche Erwartungen der Vorgesetzte und der Mitarbeiter an die Erledigung dieser Aufgaben haben. Die Zielvereinbarung trägt zur Verbesserung der Kommunikation und Zusammenarbeit zwischen Vorgesetzten und Mitarbeitern bei, da die gegenseitigen Erwartungen klar definiert sind.

> Die Zeit, die Sie sich nehmen, um mit Ihren Mitarbeitern Ziele zu vereinbaren, ist keine „bürokratische Übung". Diese Zeit ist gut investiert. Denn nur wer die Richtung kennt, kann sein Handeln darauf ausrichten.

Wer klare Ziele hat, wird alle zur Verfügung stehende Energie und Kraft zielgerichtet und damit effizient einsetzen. In der Hektik des Tagesgeschäfts helfen Ziele, Prioritäten zu setzen. Nutzlose Aktivitäten werden vermieden.

Ziele sind darüber hinaus der Maßstab, mit dem Sie die Leistungen Ihrer Mitarbeiter messen können. Wenn der Mitarbeiter weiß, was von ihm erwartet und mit welchem Maßstab seine Leistung gemessen wird, kann er sich und seine Leistung eigenständig einschätzen und kontinuierlich verbessern. Dies führt zu einer Steigerung der Leistung.

Letztlich haben Ziele eine Orientierungsfunktion. Sie vermitteln dem Mitarbeiter, in welcher Weise er mit der Erreichung seiner Ziele am Unternehmenserfolg mitarbeitet.

Kriterien für eine Zielvereinbarung

Die Formulierung von Zielvereinbarungen ist nicht einfach. Oft handelt es sich in der Praxis um reine Tätigkeitsbeschreibungen, wie sie bereits in Stellenbeschreibungen enthalten sind. Bei der Vereinbarung von Zielen geht es aber nicht in erster Linie darum, was ein Mitarbeiter zu tun hat, sondern welches Ergebnis er erreichen soll. Demnach geben Ziele an, was am Ende einer vereinbarten Zeitspanne erreicht sein soll. Sie sind also eindeutig definierte Endpunkte einer gewollten und planbaren Entwicklung.

Gut formulierte Zielvereinbarungen beschreiben einen Endzustand, der zu einem bestimmten Zeitpunkt erreicht sein soll. Dabei muss dem Mitarbeiter ausreichend Gestaltungsspielraum auf dem Weg dorthin eingeräumt werden. Über diese grundsätzlichen Anforderungen an eine Zielvereinbarung hinaus sind weitere Kriterien zu beachten.

Ziele müssen fordern, aber nicht überfordern

Zielvereinbarungen sollen dazu beitragen, den Mitarbeiter und sein Aufgabengebiet im Sinne des Unternehmensziels weiterzuentwickeln. Wer nicht gefordert wird, um das gesteckte Ziel zu erreichen, für den wird die Zielerreichung kein Erfolgserlebnis sein.

Auf der anderen Seite darf die Messlatte nicht so hoch angelegt sein, dass der Mitarbeiter von Anfang an daran zweifelt, die vereinbarten Ziele überhaupt erreichen zu können. Wenn ihm die Aufgabenstellung zu schwierig erscheint, wird er sie immer vor sich herschieben oder sie nur halbherzig beginnen. Es ist die Aufgabe des Vorgesetzten, spätestens im Zielvereinbarungsgespräch den Mitarbeiter und seinen Reifegrad in Bezug auf die konkrete Aufgabenstellung zu beurteilen und das richtige Maß zu finden.

Bleiben Sie realistisch; unterscheiden Sie zwischen dem, was wünschenswert ist, und dem, was in einem angemessenen Zeitraum und mit angemessenem Aufwand erreicht werden kann.

Ziele müssen präzise formuliert und messbar sein

Formulieren Sie das erwartete Ziel eindeutig, vermeiden Sie ungenaue und schwammige Ausdrücke, z. B. „Versuchen Sie Ihr Bestes!" Denn der Mitarbeiter muss zum einen genau wissen, was ein Ziel beinhaltet, und er muss sich zum anderen darüber bewusst sein, anhand welcher Kriterien die Zielerreichung gemessen wird. Legen Sie eine eindeutige Zeitspanne oder einen bestimmten Zeitpunkt für die Zielerreichung fest. Beschreiben Sie genau, welches Ergebnis erwartet wird. Achten Sie auf die Messbarkeit der vereinbarten Ziele.

Relativ einfach ist die Bewertung quantitativer Ziele. Sie können durch Kennzahlen und absolute Werte gemessen werden.

Beispiel

> Die Fluktuationsquote sinkt bis Ende 6/20XX auf maximal 5 %.
>
> Das Personalkostenbudget (Gehälter, Reise, Fortbildung) der Abteilung überschreitet im Planungszeitraum den genehmigten Betrag von X Euro nicht.

Etwas schwieriger ist die Formulierung qualitativer Ziele. Legen Sie hierfür beschreibende Kriterien fest, anhand derer Sie gemeinsam mit dem Mitarbeiter die Zielerreichung überprüfen. Maßstäbe für die Zielerreichung können beispielsweise sein:

- Einhaltung von Terminen,
- Häufigkeit von Rücksprachen,
- Rückmeldungen von Kunden,
- beobachtbare Veränderungen, wie weit ein angestrebter Zustand erreicht ist.

Beispiel

> Für die Einarbeitung in das Erstellen, Interpretieren und Präsentieren von Statistiken könnten die beschreibenden Kriterien wie folgt lauten:
>
> Der Mitarbeiter beschafft sich eigenständig die notwendigen Daten und Fakten und bereitet sie auf.
>
> Er bespricht seine Interpretation mit dem Vorgesetzten und stimmt sie mit ihm ab.
>
> Danach bereitet er die Präsentation der wichtigsten Statistiken für die Geschäftsleitung vor.

Zielvereinbarungen verlangen nach Konstanz

Grundsätzlich sollen sich Ziele an einer mittel- bis langfristigen Unternehmensausrichtung orientieren. Überprüfen Sie die Ziele Ihrer Mitarbeiter dahingehend, dass sie logisch aufeinander aufbauen und mit der angestrebten Unternehmensentwicklung einhergehen. Diese Konstanz benötigt der Mitarbeiter als Orientierungshilfe; sie gewährt ihm außerdem die notwendige Zeit, Erfahrung und Routine zu erwerben, um das Ziel zu erreichen.

Stellen Sie auch sicher, dass verschiedene Ziele nicht zueinander in Widerspruch stehen oder zu Lasten anderer Bereiche gehen. Berücksichtigen Sie außerdem, dass der Mitarbeiter bei der Zielerreichung nicht zu sehr von anderen Mitarbeitern oder sogar von Ihnen selbst abhängen darf. Einerseits macht dies die Zielerreichung für ihn schwieriger und andererseits hat er schnell eine Entschuldigung, wenn ein Ziel nicht erreicht wurde.

Wechseln Sie die Zielrichtungen nicht sprunghaft. Die Zeiten sind zwar schnelllebig, aber die Rahmenbedingungen ändern sich nicht von einem Tag auf den anderen. Menschen benötigen ein Mindestmaß an Orientierung. Wenn dennoch in bestimmten Situationen einmal ein Wechsel erforderlich ist (z. B. als Reaktion auf bei der Vereinbarung der Ziele nicht vorhersehbare Entwicklungen am Markt), dann muss dieser schnell erfolgen, damit Ihre Mitarbeiter nicht noch monatelang an überholten Zielvorgaben arbeiten. Erklären Sie ihnen die Hintergründe für diesen Wechsel.

Weniger ist mehr – das gilt auch für Zielvereinbarungen. Wer zu viel auf einmal erreichen will, läuft Gefahr, gar nichts zu erreichen. Konzentrieren Sie sich auf das Wesentliche. Bewährt haben sich drei bis fünf Ziele pro Zielvereinbarungszyklus.

Halten Sie die Zielvereinbarungen schriftlich fest

Alles, was aufgeschrieben wird, ist besser durchdacht, als wenn es nur gedanklich abgehandelt wird. Schriftlichkeit fördert darüber hinaus die Verbindlichkeit, d. h., der Mitarbeiter wird sich der Zielerreichung stärker verbunden fühlen. Letztlich dient Ihnen die schriftliche Zielvereinbarung als Arbeitsgrundlage für das Leistungsmanagement Ihres Mitarbeiters. Vereinbaren Sie Zwischenziele, um die Zielerreichung im Auge zu behalten. Zur Kontrolle der Zwischenziele eignet sich das Gespräch zur Ziel- und Arbeitsüberprüfung (vgl. Seite 94).

Zielbindung

Ziele werden vereinbart, nicht vorgegeben, deshalb findet die endgültige Zielvereinbarung im Gespräch statt.

Stellen Sie sicher, dass sich die Mitarbeiter den Zielen verpflichtet fühlen. Beteiligen Sie die Mitarbeiter an der Zielfindung und -vereinbarung.

Zielvereinbarungsgespräche dürfen keine Alibigespräche sein. Die Mitarbeiter kennen ihren Aufgabenbereich am besten und können daher wertvolle Informationen beitragen. Wenn Sie Ihre Mitarbeiter über die übergeordneten Ziele informieren, können sie diese ebenfalls einbeziehen. Ziele, an denen man mitgearbeitet hat, motivieren stärker als solche, die gesetzt wurden.

Bereiten Sie das Gespräch gut vor

Die vorstehenden Kriterien verdeutlichen, dass sowohl Sie als auch Ihr Mitarbeiter sich auf das Zielvereinbarungsgespräch ausreichend vorbereiten sollten:

- Informieren Sie den jeweiligen Mitarbeiter rechtzeitig über den Gesprächstermin.
- Fordern Sie ihn auf, sich hinsichtlich der künftigen Ziele seines Verantwortungsbereichs Gedanken zu machen.

Die wichtigsten Vorüberlegungen des Vorgesetzten und des Mitarbeiters für ein Zielvereinbarungsgespräch sind in der folgenden Checkliste zusammengefasst.

Checkliste: Vorbereitung auf das Zielvereinbarungsgespräch

Vorgesetzter
▪ Information über die mittelfristigen (strategischen) Ziele des Unternehmens
▪ Künftige Ausrichtung des eigenen Bereichs/der eigenen Abteilung
▪ Einbettung des eigenen Bereichs in die Unternehmensstrategie

- Aus den Bereichszielen abgeleitete Schwerpunktaufgaben des Mitarbeiters
- Interne und abteilungsübergreifende Zusammenarbeit
- Zu beachtende Rahmenbedingungen
- Gegebenenfalls notwendige Qualifizierungsmaßnahmen

Mitarbeiter

- Welche Schwerpunktaufgaben in der Abteilung sieht der Mitarbeiter
- Vorschläge zur künftigen Übernahme neuer oder anderer Aufgaben
- Mittelfristige Ziele
- Erforderliche Mittel zur Zielerreichung
- Gegebenenfalls notwendige Qualifizierungsmaßnahmen
- Persönliche Entwicklungsziele

Leitfaden für ein Zielvereinbarungsgespräch

Das Zielvereinbarungsgespräch kann sich entweder nur auf die Vereinbarung von Zielen erstrecken oder als Jahresmitarbeitergespräch auch die Beurteilung und weitere Förderung des Mitarbeiters einbeziehen. Der folgende Leitfaden umfasst nur die Zielvereinbarung.

Leitfaden „Zielvereinbarungsgepräch"

1	Gesprächseröffnung – Anlass des Gesprächs klären – Grundsätzliches zum Führen mit Zielen – bisherige Erfahrungen mit Zielvereinbarungen
2	Bereichsziele aus dem übergeordneten Zielsystem besprechen und auf den Aufgabenbereich des Mitarbeiters herunterbrechen
3	Darstellung zukünftiger Anforderungen an den Arbeitsplatz und daraus resultierender Aufgaben durch den Mitarbeiter
4	Kommentierung und Weiterführung der Darstellungen des Mitarbeiters durch den Vorgesetzten
5	Inhaltliche Vereinbarung zwischen dem Vorgesetzten und dem Mitarbeiter über konkrete Ziele, Schwerpunkte und Prioritäten
6	Diskussion vorhersehbarer Probleme und Schwierigkeiten bei der Zielerreichung

7	Vereinbarung der Rahmenbedingungen – Maßstäbe zur Überprüfung der Zielerreichung (Quantität, Qualität, Kosten) – Termine für Zwischenüberprüfungen – Zeitspanne bzw. Endtermin
8	Überprüfung der Ressourcen des Mitarbeiters: Verfügt der Mitarbeiter über notwendige und ausreichende Kenntnisse und/oder Fertigkeiten?
9	Gegebenenfalls zusätzliche Qualifizierungsmaßnahmen festlegen
10	Überprüfen der Kompetenzen, um notwendige Entscheidungen treffen zu können
11	Zeitliche Kapazitäten des Mitarbeiters selbst bzw. der Mitarbeiter, die ihm unterstellt sind
12	Finanzielle Mittel
13	Schriftliche Dokumentation der Ziele und Vereinbarungen
14	Gesprächsabschluss

Zur besseren Einschätzung: das Beurteilungsgespräch

Das Beurteilungsgespräch bildet den Abschluss der Mitarbeiterbeurteilung. Es ist eine wesentliche Voraussetzung für die Akzeptanz der Beurteilung durch die Beurteilten. Die Beurteilung wird nur Erfolg haben und zu Leistungssteigerungen und Verhaltensänderungen beitragen, wenn die Mitarbeiter verstehen, warum der Vorgesetzte bestimmte Leistungen und Verhaltensweisen als Stärke oder Schwäche bewertet. Im Gespräch tauschen Beurteiler und Beurteilte gegenseitig ihre Bewertungen hinsichtlich des Leistungsergebnisses und des Leistungsverhaltens aus. Sie lernen die Erwartungen der jeweils anderen Seite kennen und verständigen sich darüber. Dadurch werden die Transparenz und die Nachvollziehbarkeit des Verfahrens für den Mitarbeiter sichergestellt.

Beurteilungsgespräche können Karrieren bestimmen

Inhaltlich hat das Beurteilungsgespräch viel mit dem Feedbackgespräch (Anerkennung und Kritik; vgl. Seite 93 ff.) gemeinsam, bei dem es auch darum geht, gute Leistungen anzuerkennen und unzureichende Leistungen zu verbessern. Allerdings hat das Beurteilungsgespräch eine wesentlich umfassendere Bedeutung. Während es sich beim Feedbackgespräch um eine Momentaufnahme handelt, hat das Beurteilungsgespräch weit reichende Konsequenzen. Das Gesprächsergebnis geht in die Personalakte ein; es wird für weiterführende Entscheidungen wie Gehaltserhöhungen, Versetzungen oder Beförderungen herangezogen und prägt insgesamt die Sichtweise des Vorgesetzten gegenüber dem Mitarbeiter.

Das Beurteilungsgespräch stellt hohe Anforderungen an die Beteiligten. Unterschiedliche Sichtweisen müssen akzeptiert werden, woraus eventuell eine Korrektur der Beurteilung resultieren kann. Die Bereitschaft hierzu darf nicht als Schwäche empfunden werden. Nur wenn diese Einstellung bei den Beteiligten vorhanden ist, bietet das Beurteilungsgespräch eine reelle Chance auf Verbesserung der Zusammenarbeit und damit höhere Zufriedenheit auf beiden Seiten.

Ich habe in Seminaren die Erfahrung gemacht, dass in vielen Fällen Vorgesetzte und Mitarbeiter dem Beurteilungsgespräch mit gemischten Gefühlen gegenüberstehen:

- Der Vorgesetzte sieht sich häufig in einer Rechtfertigungssituation. Von ihm wird erwartet, seine Bewertungen stichhaltig zu begründen und zu erläutern.
- Der Beurteilte seinerseits sieht dem Beurteilungsgespräch oftmals mit einem Gefühl der Hilflosigkeit, des Ausgeliefertseins und mit Skepsis entgegen.

Nur in Ausnahmefällen wird das Bild des Vorgesetzten (Fremdbild) dem eigenen Bild (Selbstbild) entsprechen.

Kein Beurteilungsgespräch ohne Vorbereitung

Auch für ein erfolgreiches Beurteilungsgespräch ist eine intensive Vorbereitung eine wesentliche Voraussetzung. Der Mitarbeiter muss rechtzeitig über den Gesprächstermin informiert werden, damit er ausreichend Gelegenheit hat, sich vorzubereiten. Nur so erfährt der Beurteiler die Selbsteinschätzung und Bedürfnisse des Mitarbeiters. Als Vorbereitungshilfe können Sie ihm auf einem gesonderten Bogen die Beurteilungskriterien mit der zugehörenden Erläuterung (Handanweisung) zur Verfügung stellen.

Der Vorgesetzte sollte sich über die organisatorischen Fragen hinaus (Termin, Ort, Information des Mitarbeiters usw.) unbedingt auf den Inhalt des Gesprächs vorbereiten. Die folgenden Fragen können dabei hilfreich sein:

Checkliste: Vorbereitung auf das Beurteilungsgespräch

	✓
▪ Habe ich regelmäßig und fortlaufend beobachtet?	
▪ Habe ich meine Beobachtungen während des Beurteilungszeitraums durchgeführt?	
▪ Liegt meiner Bewertung eine ausreichende Anzahl von Einzelbeobachtungen zugrunde?	
▪ Habe ich meine Beobachtungsprotokolle regelmäßig geführt oder mir anderweitig Notizen gemacht?	
▪ Habe ich meiner Beurteilung den richtigen Bewertungsmaßstab zugrunde gelegt?	
▪ Habe ich mich von meinen Idealvorstellungen leiten lassen?	
▪ Kann ich Beurteilungsfehler weitestgehend ausschließen?	
▪ Kann ich meine Beurteilung durch sachliche, stichhaltige und abgesicherte Daten und Fakten begründen, die aus eigener Beobachtung stammen?	

- Welches sind die wichtigsten Punkte der Beurteilung und wie sollen sie im Gespräch angesprochen werden?
- Wie schätze ich den Mitarbeiter typmäßig ein und wie wird er im Gespräch reagieren?

- Mit welchen Einwendungen ist im Gespräch zu rechnen?
- Zu welchem Ergebnis soll das Beurteilungsgespräch führen?
- Habe ich dem Mitarbeiter ausreichend Zeit gegeben, um sich seinerseits auf das Gespräch vorzubereiten?

Tipps für das Beurteilungsgespräch

Führen Sie kein Beurteilungsgespräch, wenn Sie nur unzureichend vorbereitet sind. Bedenken Sie die Chancen und Risiken, die aus einem Beurteilungsgespräch resultieren können! Leichtfertige und oberflächliche Beurteilungen können sich ideell und materiell auf den Beurteilten auswirken.

- Kündigen Sie das Beurteilungsgespräch immer rechtzeitig an, damit der Mitarbeiter ausreichend Gelegenheit hat, sich darauf vorzubereiten. Nur so erfahren Sie seine Selbsteinschätzung und Bedürfnisse.
- Begründen Sie Ihre Beurteilungen immer nur durch sachliche, stichhaltige und abgesicherte Daten und Fakten, die aus eigener Beobachtung stammen.
- Reden Sie nicht um den heißen Brei herum, wenn es um heikle Themen geht; beziehen Sie Stellung und finden Sie deutliche Worte.

- Konzentrieren Sie sich nicht ausschließlich auf die eigene Argumentation. Hören Sie auch die Argumentation Ihres Mitarbeiters an, um Emotionen zu erkennen und darauf reagieren zu können.
- Seien Sie offen und flexibel, wenn sich die Argumentation des Mitarbeiters als richtig herausstellt. Ändern Sie Ihre Beurteilung entsprechend.
- Versuchen Sie, im Beurteilungsgespräch Überraschungen zu vermeiden. Sprechen Sie vorwiegend solche Punkte an, die Sie auch schon in den Feedbackgesprächen erwähnt haben. Das Beurteilungsgespräch stellt eine Art Gesamtschau dar; es wäre nicht fair, ein Fehlverhalten erst im Beurteilungsgespräch anzusprechen, das zunächst toleriert wurde.

So strukturieren Sie das Beurteilungsgespräch richtig

Wie bei anderen Mitarbeitergesprächen auch ist der Ablauf eines Beurteilungsgesprächs nie exakt vorhersehbar.

- Verstehen Sie die vorgeschlagenen Ablaufstufen als roten Faden, damit Sie keine Details vergessen.
- Bleiben Sie im Gespräch flexibel; lassen Sie den Mitarbeiter ausreichend zu Wort kommen.

Leitfaden „Beurteilungsgespräch"

1 Interesse wecken durch einen positiven Gesprächseinstieg

Fallen Sie nicht mit der Tür ins Haus, aber reden Sie auch nicht um den heißen Brei herum. Sprechen Sie den Mitarbeiter zunächst auf etwas an, was ihn persönlich betrifft (z. B. ein Projektergebnis, eine interessante Aufgabe, ein privates Ereignis). Steigen Sie dann zügig in das Beurteilungsgespräch ein und erläutern Sie Zielsetzung und Vorgehensweise.

2 Selbstbeurteilung des Mitarbeiters

Geben Sie zunächst dem Mitarbeiter Gelegenheit zu erläutern, wie er sich selbst beurteilt. Hören Sie aktiv zu und machen Sie sich gegebenenfalls Notizen. Unterbrechen Sie nur, wenn Sie weitere Erläuterungen benötigen.

3 Vorgesetzteneinschätzung

Erläutern Sie nun Ihre eigene Sichtweise. Ergänzen, bestätigen und/oder korrigieren Sie die Selbstbeurteilung des Mitarbeiters. Begründen Sie Ihre Einschätzung anhand von Daten und Fakten.

Vermeiden Sie, mit einer Gesamtbeurteilung der Leistungen zu beginnen oder den Beurteilungsbogen Punkt für Punkt durchzugehen. Vielmehr hat es sich in der Praxis bewährt, die eigene Argumentation auf den grundlegenden Verhaltensweisen des Mitarbeiters aufzubauen und deren Auswirkungen auf seine einzelnen Aufgabenbereiche aufzuzeigen. Mit dieser Vorgehensweise wird eine differenzierte, nachvollziehbare, individuelle und damit insgesamt überzeugende Beurteilung des Mitarbeiters sichergestellt.

4 Gelegenheit für Emotionen

Geben Sie dem Mitarbeiter Gelegenheit, Unzufriedenheit, Ärger oder Enttäuschung zu äußern. Akzeptieren Sie, dass es in diesem Moment nicht um Sachlichkeit, sondern um Emotionalität geht. Versuchen Sie, die Gefühle und die darin verborgenen Motive und Bedürfnisse des Mitarbeiters zu erkennen.

5 Zurück zur Sachlichkeit

Arbeiten Sie gemeinsam übereinstimmende und abweichende Meinungen heraus. Suchen Sie dabei nach Ursachen für Stärken und Schwächen und nach Lösungsmöglichkeiten. Verzichten Sie auf Monologe; beteiligen Sie den Mitarbeiter an der Erarbeitung von Lösungen und übertragen Sie ihm so eine Mitverantwortung dafür.

6 Ergebnis sichern

Im Idealfall schätzt Ihr Mitarbeiter zu diesem Zeitpunkt seine Leistungen ähnlich ein, wie Sie es tun. Halten Sie die wichtigsten Punkte des Beurteilungsgesprächs sowie die vereinbarten Maßnahmen schriftlich fest:

- Welche Erwartungen haben Sie zukünftig an die Leistungen und das Verhalten des Mitarbeiters?
- Welche Hilfestellungen werden Sie ihm geben?
- Wie und mit welchen Maßstäben werden Sie kontrollieren?

Änderungen in der Beurteilung sind möglich

Die im Gespräch erzielten Ergebnisse sollten schriftlich festgehalten werden. Die Aufzeichnungen bilden die Grundlage und den Anknüpfungspunkt für künftige Gespräche. Außerdem können Sie die Umsetzung vereinbarter Ziele und anderer Absprachen besser überprüfen.

Für den Gesprächserfolg ist es wichtig, dass Sie sich nicht ausschließlich auf Ihre eigene Argumentation konzentrieren. Hören Sie sich die Sichtweise des Mitarbeiters an. Nur so können Sie Emotionen erkennen und darauf reagieren. Wenn sich die Argumentation des Mitarbeiters als richtig herausstellt, ändern Sie die Beurteilung. Doch beziehen Sie auch bei heiklen Themen Stellung und sprechen Sie unzureichende Leistungen deutlich an. Diese Gratwanderung wird dann erfolgreich sein, wenn es im Beurteilungsgespräch nicht zu unvorhersehbaren Überraschungen kommt.

> Erläutern Sie Ihre Beurteilung immer anhand von Daten und Fakten. Nennen Sie konkrete Situationen und Ereignisse, zu deren Gelegenheit Sie das angesprochene Verhalten beobachtet haben. Stellen Sie gegebenenfalls durch Kontrollfragen sicher, dass der Mitarbeiter die Dinge so versteht, wie Sie sie gemeint haben.

Wenn keine Einigung erzielt werden kann

Kann keine Einigung erzielt werden, sollte der Vorgesetzte noch stärker darauf achten, dass die gegenseitigen Positionen klar und transparent herausgearbeitet werden, damit beide Gesprächspartner die Meinung des anderen zumindest nachvollziehen, wenn schon nicht akzeptieren können. Die eigentliche Beurteilung wird dann gemäß der Sichtweise des Vorgesetzten ausfallen; dem Mitarbeiter sollte Gelegenheit zu einer Gegendarstellung gegeben werden, die zusammen mit der Beurteilung in die Personalakten eingeht. Manche Beurteilungsverfahren sehen eine entsprechende Rubrik bereits im Beurteilungsbogen vor.

Motivierend: das Fördergespräch

Bildung und Förderung der Mitarbeiter gehören zu den Führungsaufgaben jedes Vorgesetzten. Dabei geht es im Wesentlichen um folgende Aspekte:

- Immer mehr Mitarbeiter streben von sich aus nach Aufstieg und Weiterbildung; sie wollen anspruchsvollere Aufgabenbereiche mit mehr Kompetenzen und Verantwortung übernehmen.
- Durch den technisch-organisatorischen Wandel sowie die ständigen Veränderungen am Markt ändern sich auch die Arbeitsaufgaben. Die Qualifikation der Mitarbeiter muss unabhängig von ihrem Leistungsstand ständig an die wechselnden Arbeitsanforderungen angepasst werden.
- Neue oder leistungsschwache Mitarbeiter müssen durch Bildungsmaßnahmen unterstützt werden, damit sie möglichst rasch die Anforderungen ihres Arbeitsplatzes erfüllen.
- Die Mitarbeiter können nach § 82 Abs. 2 BetrVG verlangen, dass ihre weiteren beruflichen Entwicklungsmöglichkeiten mit ihnen erörtert werden.

Das Fördergespräch ist der zentrale Baustein der Personalentwicklung. Im Fördergespräch werden die weitere berufliche Entwicklung eines Mitarbeiters sowie die erforderlichen Förder- und Bildungsmaßnahmen abgestimmt. Neben den Fähigkeiten und Neigungen der Mitarbeiter sind die betrieblichen Möglichkeiten zu beachten. Wegen ihrer Bedeutung für die berufliche Entwicklung der Mitarbeiter werden Fördergespräche in vielen Unternehmen in regelmäßigem Turnus, z. B. alle zwei Jahre, durchgeführt. Zusätzlich können sie auch anlassabhängig, z. B. im Rahmen einer Nachfolgeentscheidung, oder auf Wunsch der betroffenen Mitarbeiter stattfinden.

Wer ist dafür zuständig?

Das Fördergespräch kann entweder in Verbindung mit dem Beurteilungsgespräch oder separat geführt werden. Die Zuständigkeit für dieses Gespräch liegt zunächst beim direkten Vorgesetzten, denn er kennt die Stärken, Schwächen und Potenziale seiner Mitarbeiter am besten. Es gibt allerdings zwei wichtige Gründe, warum der unmittelbare Vorgesetzte diese umfassende Förderaufgabe eventuell nicht wahrnehmen kann:

- Entweder der Vorgesetzte ist nicht der Methodenspezialist, der durch eine sinnvolle Zusammenstellung von Maßnahmen zu einer effektiven Förderung beiträgt, oder
- er verfügt nicht über alle Informationen, insbesondere wenn es um die Entwicklung außerhalb der eigenen Abteilung geht.

Daher empfiehlt sich eine enge Zusammenarbeit zwischen dem Vorgesetzten und der Personalentwicklung bzw. -abteilung. Insbesondere zwei Varianten der Zusammenarbeit sind denkbar, wobei beide eine enge Abstimmung zwischen den Beteiligten voraussetzen:

- Der Vorgesetzte und der Personalentwickler besprechen vorab die spezifische Ausgangssituation eines jeden Mitarbeiters und diskutieren die jeweiligen Entwicklungsmöglichkeiten. Das eigentliche Fördergespräch führt der Vorgesetzte dann allein.
- Der Vorgesetzte übernimmt die Fördergespräche für Mitarbeiter, die sich vorwiegend innerhalb seiner Abteilung entwickeln werden. Der Personalentwickler übernimmt dagegen die Fördergespräche für solche Mitarbeiter, deren Entwicklung voraussichtlich abteilungsübergreifend stattfinden wird.

Wie Sie das Fördergespräch vorbereiten

Laden Sie rechtzeitig und möglichst schriftlich ein. Nutzen Sie alle vorhandenen Informationen (die letzte Beurteilung, Protokolle der letzten Mitarbeitergespräche, die Personalakte) und bereiten Sie sich so auf die individuelle Entwicklungssituation Ihres Mitarbeiters vor.

Wegen der Bedeutung des Fördergesprächs ist es ganz besonders wichtig, dass auch der Mitarbeiter sich umfassend vorbereitet. Senden Sie Ihrem Mitarbeiter zusammen mit der Einladung ein Vorbereitungsblatt oder einen Fragenkatalog zu, damit auch er sich problemlos vorbereiten kann.

Checkliste: Vorbereitung des Mitarbeiters auf das Fördergespräch

- Waren Ihnen in der Vergangenheit Ihre Arbeitsziele ausreichend bekannt?
- Was hat Sie in der Vergangenheit bei Ihrer Arbeit besonders behindert oder begünstigt?
- Welche Arbeitsziele sehen Sie für die Zukunft als wichtig an?
- Mit welchen technischen oder organisatorischen Änderungen ist zu rechnen?
- Konnten Sie in der Vergangenheit alle Ihre Fähigkeiten zum Einsatz bringen?
- Sehen Sie eine andere Tätigkeit als geeigneter an?
- Welche Erwartungen haben Sie an das Unternehmen hinsichtlich Ihrer beruflichen Weiterbildung?
- Welche Position im Unternehmen streben Sie an?
- Decken sich Ihre eigenen Erwartungen mit den Notwendigkeiten des Unternehmens?

Wie Sie ein Fördergespräch aufbauen

Das Fördergespräch baut auf den Daten der Personalentwicklungsdatei, den Ergebnissen von Mitarbeiterbeurteilungen, Befragungen oder Auswahlseminaren (Assessment Centern) und den Entwicklungsempfehlungen des Vorgesetzten auf. Es bietet dem Mitarbeiter Gelegenheit, seine Entwicklungsbedürfnisse zu präzisieren.

Manchen Mitarbeitern fällt es schwer, ihre Wünsche und Vorstellungen zu artikulieren. Aufgrund ihres begrenzten Erfahrungshorizonts verfügen sie vielfach nicht über ausreichende Informationen über die möglichen Entwicklungsalternativen. Ihnen diese darzulegen ist wesentliche Aufgabe des Vorgesetzten.

Verschaffen Sie Ihrem Mitarbeiter im Gespräch die notwendige Transparenz über die vorhandenen Entwicklungsmöglichkeiten. Als Informationsgrundlage dient das bekannte organisatorische Instrumentarium (Organisations- und Stellenpläne, Stellenbeschreibungen) und – falls vorhanden – personenunabhängige Laufbahnmodelle. Den eigentlichen Inhalt des Fördergesprächs bilden dann die endgültige Abstimmung über die weitere berufliche Entwicklung des Mitarbeiters (individuelle Entwicklungsplanung) und die Festlegung der begleitenden Bildungsmaßnahmen.

Leitfaden „Fördergespräch"

1 Positiver Gesprächseinstieg: Ein freundlicher Empfang des Mitarbeiters, verbunden mit einer kurzen Erläuterung des Gesprächsanlasses sowie einem Überblick über den weiteren Verlauf, dürften ausreichend sein.

2 Sprechen Sie zunächst über die bisherigen Aufgaben des Mitarbeiters. Gehen Sie auf die Vorbereitungen des Mitarbeiters ein. Erfragen Sie Ziele, Erwartungen, Interessen und Wünsche. Geben Sie dem Mitarbeiter Gelegenheit, auf der Basis seiner eigenen Gesprächsvorbereitung seine Sichtweise darzustellen. Unterstützen Sie ihn, wenn nötig, mit den folgenden Fragen:

– Was ist gut gelaufen und warum?
– Was ist nicht so gut gelaufen und warum nicht?
– Was hat Spaß gemacht und was hat Frust erzeugt?
– Welche Ziele hat der Mitarbeiter für das nächste Jahr?

Unterbrechen Sie ihn nur, wenn Sie etwas nicht verstanden haben und deshalb nachfragen müssen.

3 Legen Sie nun Ihre eigene Sichtweise dar. Informieren Sie über die Ergebnisse von Beurteilungen, Befragungen oder Potenzialerhebungen. Gehen Sie dabei auf die Ausführungen des Mitarbeiters ein, indem Sie seine Ausführungen bestätigen, korrigieren und/oder ergänzen sowie Gemeinsamkeiten und Abweichungen aufzeigen und begründen.

4 Beachten Sie, dass sich nicht alle Mitarbeiter weiterent-wickeln wollen, um weiterführende Aufgaben zu übernehmen.

5 Orientieren Sie sich neben den betrieblichen Erfordernissen auch an den Bedürfnissen und Erwartungen der Mitarbeiter.

6 Überlegen Sie gemeinsam, wie die Erwartungen, Wünsche oder Interessensgebiete des Mitarbeiters mit den betrieblichen Möglichkeiten in Übereinstimmung gebracht werden können.

7 Legen Sie die Fördermaßnahmen (z. B. eine Nachfolgeregelung) sowie die begleitenden Bildungsmaßnahmen fest.

8 Besprechen Sie

– die genauen Inhalte und Lernziele,
– die grobe Zeitplanung,
– die notwendigen finanziellen Mittel
– in welcher Weise Sie selbst den Mitarbeiter bei der Entwicklung unterstützen werden und

– wie der Entwicklungsfortschritt beobachtet und sichergestellt werden soll.

9 Beenden Sie das Gespräch mit einem Ergebnis. Veränderungen finden nur statt, wenn sie verbindlich vereinbart werden. Halten Sie das Gesprächsergebnis schriftlich fest.

Eins statt drei: das Jahresgespräch

Das Jahresmitarbeitergespräch ist eine in vielen Betrieben praktizierte Variante, bei dem die drei in diesem Kapitel bereits genannten Gespräche zusammengefasst werden: das Beurteilungsgespräch, das Fördergespräch und das Zielvereinbarungsgespräch.

Das mag nach Rationalisierung klingen, wenn statt drei Gesprächen nur noch ein einziges geführt wird. Dies ist jedoch nicht der entscheidende Grund für die Zusammenfassung. Das Jahresmitarbeitergespräch hat vielmehr den großen Vorteil, dass die wichtigsten Punkte der übergreifenden Personalführung zusammenhängend besprochen werden können: Die Beurteilung kann auf der Basis der vorangegangenen Zielvereinbarungen durchgeführt werden. Soweit Leistungsdefizite vorliegen, können geeignete Bildungsmaßnahmen vereinbart werden. Die künftige Förderung wird auf die neu vereinbarten Ziele und Aufgaben abgestimmt.

Ein Jahresgespräch kostet mehr Zeit, als die verschiedenen Gespräche einzeln zu führen. Für die Vorbereitung gelten die bisher dargestellten Empfehlungen sinngemäß. Der Ablauf ähnelt demjenigen der zuvor besprochenen Gespräche. Der folgende Leitfaden stellt ein Minimalprogramm dar.

Checkliste: Inhalte eines Jahresmitarbeitergesprächs

- Gesprächseröffnung
- Leistungen/Zusammenarbeit in der Vergangenheit
  - Welche vereinbarten Ziele und Leistungsstandards wurden erreicht?
  - Welche Faktoren haben den Mitarbeiter dabei unterstützt?
  - Welche Faktoren haben ihn behindert?
  - Wie liefen Zusammenarbeit, Kommunikation und Unterstützung durch den Vorgesetzten?
- Ziele und Vereinbarungen für das Folgejahr
  - Ziele, Aufgaben und Leistungsstandards
  - Maßnahmen zur Verbesserung der Zusammenarbeit
  - Förder- und Entwicklungsmaßnahmen
  - Unterstützung durch den Vorgesetzten
  - Sonstige Vereinbarungen
- Gesprächsabschluss

Anlassabhängige Mitarbeitergespräche

Anlassabhängige Mitarbeitergespräche finden unregelmäßig und je nach Bedarf auch mehrmals pro Jahr statt. Abhängig von der jeweiligen Situation sollen Sie als Vorgesetzter ein klärendes Feedback initiieren bzw. mit entsprechendem Feedback reagieren.

In diesem Kapitel erfahren Sie,

- wie Sie neue Mitarbeiter im Vorstellungsgespräch kennenlernen (S. 80) und in die neue Tätigkeit einführen (S.87),
- zu welchen Anlässen Sie ein Feedbackgespräch führen können (S. 93),
- wie Sie ein Rückkehrgespräch mit länger abwesenden Mitarbeitern führen (S. 104),
- welche Vorteile ein Abgangsgespräch nach einer Kündigung bringt (S. 108),
- wie Sie Know-how in einem Unterweisungsgespräch weitergeben (S. 112) und
- wie Sie eine Mitarbeiterbesprechung mit mehreren Kollegen durchführen (S. 115).

Wie Sie neue Mitarbeiter einführen

Das erste Mitarbeitergespräch nach Eintritt in ein Unternehmen ist das Einführungsgespräch. Vorher fand jedoch schon (mindestens) ein Gespräch mit dem neuen Mitarbeiter statt: das Vorstellungsgespräch.

Ein Vorstellungsgespräch ist nach unserer Definition noch kein Mitarbeitergespräch. Denn der Bewerber befindet sich zu diesem Zeitpunkt ja noch nicht in dem dafür typischen Abhängigkeitsverhältnis. Da jedoch die Fachvorgesetzten häufig an der Personalauswahl beteiligt werden oder sich ihre künftigen Mitarbeiter selbst auswählen, wird das Vorstellungsgespräch hier behandelt.

Vor der Einstellung: das Vorstellungsgespräch

Beim Vorstellungsgespräch geht es darum zu erkennen, ob ein Bewerber für eine bestimmte Position geeignet ist. Neben einer Vielzahl von Auswahlmethoden – Analyse der Bewerbungsunterlagen, biographischer Fragebogen, Testverfahren usw. – spielt das persönliche Gespräch nach wie vor eine zentrale Rolle. In vielen Unternehmen ist das Vorstellungsgespräch auch heute noch das einzige Instrument, um eine Auswahlentscheidung zu treffen. Wenn umfassende Auswahlverfahren (z. B. ein Assessment Center) durchgeführt werden, so sollte mindestens ein persönliches Gespräch Bestandteil des Verfahrens sein.

Worum geht es in Vorstellungsgesprächen?

Basis im Vorstellungsgespräch ist das Anforderungsprofil der zu besetzenden Stelle. Im Gespräch gilt es festzustellen, ob und in welchem Umfang der Bewerber über die im Anforderungsprofil definierten Fähigkeiten verfügt. Bei fachlichen Fähigkeiten ist dies relativ einfach; sie sind in Ausbildungs- und Arbeitszeugnissen dokumentiert. Dagegen lassen sich die überfachlichen Qualifikationen („soft skills") wie z. B. Teamfähigkeit, Zielstrebigkeit oder eigenverantwortliches Handeln mit Hilfe der schriftlichen Bewerbungsunterlagen kaum zuverlässig beurteilen. Je mehr solcher überfachlicher Qualifikationen im Anforderungsprofil verlangt werden, desto wichtiger wird eine Überprüfung im persönlichen Gespräch.

Dabei gilt es, so viel Praxisbezug wie möglich in das Gespräch einzubringen. Dies erreichen Sie über die so genannte situative Gesprächsführung.

Situative Gesprächsführung

Situative Gesprächsführung bedeutet im Vorstellungsgespräch, den Bewerber mit möglichst vielen, praxisnahen Situationen zu konfrontieren. Themen im Rahmen dieser situativen Gesprächsführung sind zunächst real existierende Erfahrungen des Bewerbers. Dahinter steht der Gedanke, dass ein Bewerber nur über Dinge, die er tatsächlich selbst erlebt hat, umfassend und überzeugend Auskunft geben kann. Wer dagegen über etwas detailliert Auskunft geben soll, das er nur vom Hörensagen kennt, gerät schnell ins Stocken und wirkt in der Regel unglaubwürdig.

Geben Sie sich nicht mit oberflächlichen Antworten des Bewerbers zufrieden, sondern haken Sie nach, um auch die Details seiner Erfahrungen zu erfahren.

Beispiel

Interviewer:	Wie beurteilen Sie sich in Bezug auf eigenverantwortliches Denken und Handeln?
Bewerber:	Das kann ich besonders gut.
Interviewer:	Warum? Beschreiben Sie doch bitte einmal eine Situation, in der Sie eigenverantwortlich denken und handeln mussten.
Bewerber:	Als Studenten haben wir in regelmäßigen Abständen einen Informationstag für Unternehmer veranstaltet. Wenn sich da nicht jeder für seinen Bereich verantwortlich gezeigt hätte, wäre die Veranstaltung nie zustande gekommen.

Unerfahrene Interviewer geben sich mit diesen Antworten oft schon zufrieden. Tatsächlich haben Sie zu diesem Zeitpunkt aber nur die persönliche Einschätzung des Bewerbers erfahren. Fragen Sie also weiter, werden Sie detaillierter!

Beispiel

Interviewer:	Welche konkreten Aufgaben hatten Sie bei dieser Veranstaltung übernommen?
Bewerber:	Ich war für das Sponsoring verantwortlich.
Interviewer:	Wie sind Sie vorgegangen, um Sponsoren zu gewinnen?

Weitere Fragen könnten lauten:

- Welches Ihrer Gespräche mit einem potenziellen Sponsor war besonders erfolgreich und warum?

- Gab es Gespräche, bei denen Sie Ihren Gesprächspartner nicht vom Sponsoring überzeugen konnten und warum hat er sich dagegen entschieden?

Eine situative Gesprächsführung erreichen Sie auch durch fiktive Situationen. Sie konfrontieren den Bewerber mit bekannten, gegebenenfalls kritischen Situationen des künftigen Arbeitsplatzes und erhalten so einen Eindruck, wie er mit der entsprechenden Situation umgehen würde. Das folgende Beispiel verdeutlicht, wie kunden- und serviceorientiert ein Bewerber in einer kritischen Situation reagieren würde.

Beispiel

Stellen Sie sich vor, Sie sind Einkäufer in einem mittelständischen Unternehmen. Zu Ihrem Aufgabengebiet gehört die Beschaffung von Geschäftswagen für die Mitglieder der Geschäftsleitung. Heute steht der neue Personaldirektor in Ihrem Büro und bittet um die Beschaffung eines Geschäftswagens mit besonderen Ausstattungsmerkmalen, für die Sie eigentlich die Unterschrift des Geschäftsführers benötigen. Wie reagieren Sie?

In solchen Gesprächssituationen neigen die Bewerber dazu, zunächst aus der „Vogelperspektive" zu beschreiben, wie sie sich in der jeweiligen Situation verhalten würden. Oder sie antworten im Sinne der „sozialen Erwünschtheit", d. h. wie sie glauben, dass der Gesprächspartner dies gerne hören möchte.

Rollenspiel

Zuverlässigere Antworten erhalten Sie, wenn Sie die jeweils geschilderte Situation in ein Rollenspiel umgestalten. So beschränkt sich der Bewerber nicht darauf zu beschreiben, was er tun würde, sondern muss sofort agieren.

Beurteilen Sie die Reaktion des Bewerbers:

- Wie ist sein allgemeines Verhalten?
- Bleibt er trotz der gespannten Situation ruhig und besonnen?
- Sucht er nach einer akzeptablen Lösung für das Problem?

Das Rollenspiel birgt dabei noch einen weiteren Vorteil: Sie können von der grundsätzlich geforderten, freundlichen und offenen Atmosphäre im Vorstellungsgespräch abweichen und – in angemessenem Umfang – als schwieriger Gesprächspartner auftreten. So konfrontieren Sie den Bewerber unmittelbar mit kritischen Situationen.

> Stellen Sie beim Einsatz von Rollenspielen deutlich heraus, wann das Rollenspiel beendet ist und wieder zu der freundlichen und offenen Gesprächsatmosphäre eines Vorstellungsgesprächs zurückgekehrt wird.

Jede Position und jeder Bewerber sind anders, weshalb auch jedes Vorstellungsgespräch anders verlaufen wird. Wie bei anderen Gesprächen kann auch der nachfolgende Leitfaden lediglich als Anregung für den Gesprächsablauf dienen; er kann in dieser Form gleichzeitig als Protokoll benutzt werden. Überlegen Sie jedoch vorab,

- wie Sie im Vorstellungsgespräch wichtige Punkte des Anforderungsprofils klären werden (z. B. Teamfähigkeit, PC-Kenntnisse),
- welche Informationen Sie aus den Unterlagen des jeweiligen Bewerbers detaillierter erfragen wollen (z. B. Kündigungsgründe),

- welche Fragen trotz Bewerbungsunterlagen noch offen sind (z. B. Eintrittstermin, Gehaltsvorstellungen).

Leitfaden „Vorstellungsgespräch"

Abteilung:		Bewerber:	
Position:		Gespräch am:	
Vorgesetzter:		Andere Teilnehmer:	
Eintrittstermin:			

1 Gesprächsbeginn
- Begrüßung des Bewerbers
- „Warming up": angenehme Atmosphäre schaffen (Fragen zur Anreise usw.)
- sich selbst und alle anwesenden Gesprächspartner mit Namen und Funktion vorstellen
- den Ablauf des Gesprächs kurz skizzieren

2 Bisheriger Werdegang des Bewerbers
- den Bewerber zunächst seinen bisherigen Werdegang schildern lassen
- nervöse Bewerber zu diesem Zeitpunkt nur unterbrechen, wenn unbedingt erforderlich
- nachhaken, wenn etwas unklar ist bzw. wenn Sie den Grund für gewisse Entscheidungen wissen möchten oder detailliertere Informationen benötigen

3 Heutiges Aufgabengebiet
- Aufgaben und Kompetenzen
- typischer Tagesablauf
- Welche Aufgaben werden gern/ungern erledigt?

	– kritische Situationen – Grund für den angestrebten Wechsel
4	Zukünftiges Aufgabengebiet – Erwartungen und Ziele – Worauf wird besonders viel Wert gelegt (Betriebsklima, – Teamarbeit, gleitende Arbeitszeit usw.)? – welche Dinge werden abgelehnt
5	Situative Fragestellungen – wichtige Aspekte des Anforderungsprofils hinterfragen – Erfahrungen des Bewerbers einbeziehen – fiktive Situationen zur Diskussion stellen
6	Fragen zum Unternehmen – Wie sind Sie auf unser Unternehmen und die ausgeschriebene Position aufmerksam geworden? – Warum haben Sie sich bei uns beworben? – Was wissen Sie über unser Unternehmen und unsere Produkte?
7	– Vorstellung des Unternehmens und der zu besetzenden Position. Informieren Sie den Bewerber offen und ehrlich, damit auch er sich ein realistisches Bild von Ihrem Unternehmen machen kann. Dazu gehören: – das Unternehmen und seine Marktposition – Produktpalette/Dienstleistungen – die zu besetzende Position (Aufgaben, Umfeld, ...) – vertragliche Fragen (Sozialleistungen, Arbeitszeiten usw.)
8	Offene Fragen des Bewerbers klären

9	Abschließende Formalitäten – frühestmöglicher Eintrittstermin – derzeitiges Gehalt – erwartetes Gehalt – gesundheitliche Einschränkungen
10	Gesprächsabschluss – dem Bewerber das weitere Verfahren erläutern – Dank für das Gespräch aussprechen – Verabschiedung

Zu Beginn der Tätigkeit: das Einführungsgespräch

Das Verhältnis neuer Mitarbeiter zum Betrieb wird in starkem Maße von den Geschehnissen und Eindrücken während der ersten Arbeitswochen mitbestimmt. Die Erfahrung zeigt, dass die Fluktuationsrate in der ersten Zeit nach erfolgtem Eintritt besonders hoch ist. Selbst wenn die problematische Situation auf dem Arbeitsmarkt manchen vor einer kurzfristigen Kündigung zurückhält, so ist bei einer falschen Einführung zumindest ein erster Schritt in Richtung „innere Kündigung" nicht auszuschließen.

Ein ausführliches Einführungsgespräch sollte nicht nur mit neu eingestellten Mitarbeitern, sondern auch bei Versetzungen und Beförderungen vorhandener Mitarbeiter geführt werden. Dazu gehören auch Auszubildende und Trainees, die im Rahmen eines festen Plans die einzelnen Abteilungen des Unternehmens durchlaufen.

Neue Mitarbeiter brauchen Hilfe

All diese Situationen haben eines gemeinsam: Die neuen Mitarbeiter betreten neues, unbekanntes Terrain. Sie müssen sich auf neue Aufgaben, neue Kollegen sowie einen neuen Vorgesetzten einstellen. Ihr Zugehörigkeits- und Sicherheitsgefühl wird damit stark gemindert. Auf vertraute Gewohnheiten können sie kaum zurückgreifen; sie müssen sich vielmehr völlig neu orientieren.

Für den Vorgesetzten gilt es, den neuen Mitarbeiter sowohl in sein Aufgabengebiet einzuweisen als auch ihn mit den vielen geschriebenen und ungeschriebenen Gesetzen der Betriebsgemeinschaft vertraut zu machen.

> Die ersten Eindrücke beeinflussen die weitere Entwicklung eines neuen Mitarbeiters erheblich. Fördern Sie deshalb die schnelle Integration ins Team und vermitteln Sie ein Zugehörigkeitsgefühl vom ersten Tag an.

Nervöse Reaktionen, Fragen oder ungewöhnliche Verhaltensweisen des neuen Mitarbeiters, die in der ersten Zeit auftreten, sollten nicht überbewertet werden. Denn die neue Umgebung übt auf den Mitarbeiter Druck und Stress aus, sodass er gerade in dieser Zeit nicht immer in der für ihn eigentlich typischen Weise reagiert. Echte Fehler sollten zwar besprochen, jedoch nicht dramatisiert werden.

Erste Maßnahmen werden bereits vor der Arbeitsaufnahme erforderlich. Dazu zählen u. a.:

- die Einrichtung oder Vorbereitung des Arbeitsplatzes (Schreibtisch, Werkbank, Geräte, Dienst- und Schutzkleidung usw.),

- die Bereitstellung von Organisationsplänen, Arbeitsanweisungen, Stellenbeschreibungen,
- die Auswahl und Vorbereitung eines „Paten", der dem neuen Mitarbeiter als Kontaktperson benannt wird, ihn während der ersten Wochen betreut und ihm als Gesprächspartner zur Verfügung steht,
- die Information der künftigen Kollegen über die Ankunft des neuen Mitarbeiters.

Begrenzen Sie die notwendigen Informationen zum Unternehmen auf einen Überblick und verweisen Sie auf eventuell vorhandene andere Einführungsinstrumente (Einführungsschrift, Einführungsveranstaltung für neue Mitarbeiter). Wichtiger ist es, den Ablauf des ersten Tages zu erläutern und auf das Aufgabengebiet des neuen Mitarbeiters einzugehen. Letztlich sollten die gegenseitigen Erwartungen geklärt werden, d. h. was der neue Mitarbeiter von seinem Aufgabengebiet, dem Team sowie dem Vorgesetzten erwartet. Andererseits soll auch der Vorgesetzte benennen, welche Aufgaben der neue Mitarbeiter wann beherrschen soll, welche Kriterien er für das Feedback und eine Beurteilung zugrunde legt und welche Rolle der neue Mitarbeiter im Team spielen soll.

Checkliste: „Einführungsgespräch"

- Planen Sie am ersten Tag genügend Zeit für ein erstes Gespräch mit dem neuen Mitarbeiter ein.
- Stellen Sie sich ihm vor und erläutern Sie kurz Ihre Funktion und Aufgaben.

- Geben Sie dem neuen Mitarbeiter Gelegenheit, sich selbst vorzustellen.
- Mut zur Lücke! Beschränken Sie sich auf die für den ersten Tag wirklich wichtigen Informationen. Vermeiden Sie Monologe und zu lange Unternehmensdarstellungen, um den „Neuen" nicht mit Informationen zu überfordern.
- Berücksichtigen Sie, dass der neue Mitarbeiter nicht alle Informationen aus dem Einführungsgespräch behalten wird. Unterstützen Sie Ihre Ausführungen durch eine Einführungsschrift oder stellen Sie anderweitig sicher, dass er die wichtigsten Informationen nach dem Gespräch erneut einholen kann (z. B. von dem Kollegen, der ihn einarbeiten soll, oder von einem Paten).
- Damit Sie einen guten ersten Eindruck von dem neuen Mitarbeiter erhalten, sollte sein Redeanteil in diesem Einführungsgespräch deutlich höher sein als Ihr eigener.
- Ermutigen Sie den neuen Mitarbeiter, von sich selbst zu sprechen; geeignete Themen sind die bisherige Tätigkeit, dabei gesammelte Erfahrungen usw.
- Greifen Sie aus seinen Ausführungen die Dinge heraus, die am neuen Arbeitsplatz ähnlich sind. Damit stärken Sie sein Sicherheitsgefühl.
- Vermeiden Sie Vorurteile; der neue Mitarbeiter soll sich seine eigene Meinung bilden.
- Machen Sie auch auf „ungeschriebene Gesetze" aufmerksam, damit der neue Mitarbeiter nicht ungewollt ins Fettnäpfchen tritt.
- Wecken Sie keine falschen Hoffnungen oder Erwartungen, die Sie nicht einhalten können.

Gerade in der Einarbeitungsphase sind Gespräche besonders wichtig. Belassen Sie es daher nicht bei diesem einzigen Einführungsgespräch, sondern nehmen Sie sich in regelmäßigen Abständen erneut Zeit für den neuen Mitarbeiter. So können Sie rechtzeitig eingreifen, bevor etwas aus dem Ruder läuft, und tragen damit insgesamt zu einer erfolgreichen Einarbeitung bei.

Wie Sie die Ergebnisse festhalten können

Bei der Fülle der auf den neuen Mitarbeiter zukommenden Informationen stößt dieser bald an die Grenze seiner Aufnahmefähigkeit. Deshalb empfiehlt es sich, die wesentlichen Aussagen in einer Einführungsschrift zusammenzufassen. Eine solche Schrift erlaubt es dem neuen Mitarbeiter, die einzelnen Punkte nochmals in Ruhe nachzulesen.

Checkliste: Mögliche Inhalte einer Einführungsschrift

- Grußworte (Geschäftsführung, Personalabteilung, Betriebsrat)
- Vorstellung des Unternehmens
- Führungsinstrumente (z. B. Führungsgrundsätze, Führen mit Zeitvereinbarungen, betriebliches Vorschlagswesen)
- Allgemeine Regelungen
  - Arbeits-/Betriebsordnung
  - Regelung der Arbeitszeit
  - Datenschutz

  - Sicherheits- und Unfallverhütungsvorschriften
- Personalentwicklung und Weiterbildung
  - Grundsätze
  - Internes Bildungsprogramm
- Betriebliche Leistungen
  - Lohn- und Gehaltsfindung
  - Sonstige finanzielle Leistungen
  - Prämiensysteme
  - Betriebliche Altersversorgung
  - Andere Sozialleistungen
- Betriebliche Einrichtungen
  - Kantine
  - Parkplätze
  - Betriebskindergarten
  - Freizeiteinrichtungen
- Betriebsrat
- Betriebsarzt
- Telefonregister
- Aktuelle Betriebsvereinbarungen
- Informationen für besondere Zielgruppen (z. B. ausländische Mitarbeiter, Auszubildende, Praktikanten, Trainees)

Stellen Sie sicher, dass sich der neue Mitarbeiter am ersten Tag nicht nur mit der Lektüre von Unternehmensbroschüren oder ausschließlich mit Kopierarbeiten oder Ähnlichem beschäftigen muss. Veranlassen Sie, dass eine erste echte Aufgabe für diesen Tag vorbereitet wird.

Zur besseren Verständigung: Feedbackgespräche

Durch das Feedbackgespräch wird die ständige Kommunikation zwischen dem Vorgesetzten und seinen Mitarbeitern aufrechterhalten. Durch ein regelmäßiges Feedback (Rückmeldung) können Missverständnisse zwischen den Gesprächspartnern weitgehend vermieden werden. Das Feedbackgespräch dient der Besprechung der Arbeitsleistung und der damit verbundenen Erfolge und Fehler.

Typische Inhalte des Feedbackgesprächs sind

- die Ziel- und Arbeitsüberprüfung,
- Lob und Anerkennung sowie
- die Aussprache notwendiger Kritik.

Vorgesetzte tun sich oft schwer, ihren Mitarbeitern das notwendige Feedback zu geben.

Beispiel

Auf Ihren Mitarbeiter können Sie sich voll verlassen. Er arbeitet sehr sorgfältig und qualifiziert. Aus diesem Grund und weil Sie selbst sehr überlastet sind, möchten Sie ihm kleinere Projekte eigenverantwortlich übertragen. Sie erklären ihm kurz den Sachverhalt und vereinbaren, welche Ziele bis wann erreicht werden sollen. Am vereinbarten Stichtag werden Sie jedoch von Ihrem Mitarbeiter enttäuscht, weil die vereinbarten Ziele nicht einmal ansatzweise erreicht worden sind. Wie reagieren Sie?

Sie ärgern sich, räumen Ihrem Mitarbeiter eine letzte Frist ein und überlegen sich schon, ob er wirklich der geeignete Mitarbeiter für diese Projekte ist.

Das ist keine gute Lösung. Besser wäre es gewesen, Feedback einzuholen. Sie hinterfragen die Angelegenheit und erfahren vielleicht, dass Sie Ihrem Mitarbeiter aufgrund der hektischen Situation viel zu wenig Informationen zu dem Projekt gegeben haben. Dadurch hat er sich nicht imstande gesehen, das vereinbarte Ziel zu erreichen. Und fragen wollte er Sie auch nicht, denn Sie schienen immer in Eile zu sein und waren entsprechend kurz angebunden.

Die Ziel- und Arbeitsüberprüfung

Mit dem Gespräch zur Ziel- und Arbeitsüberprüfung wird die kontinuierliche Kommunikation zwischen dem Vorgesetzten und dem Mitarbeiter über Aufgaben sowie Fortschritte in der Zielerreichung sichergestellt. Durch diese Gespräche fällt einerseits die Unterstützung des Mitarbeiters durch den Vorgesetzten nicht dem Tagesgeschäft „zum Opfer", sondern erfolgt regelmäßig in dem jeweils benötigten Umfang. Auf der anderen Seite nimmt der Vorgesetzte in diesen Gesprächen die nachfolgenden Führungsaufgaben wahr:

- Anleitung und Beratung des Mitarbeiters,
- Feedback und Motivation,
- Steuerung und Kontrolle mit Blick auf die Zielerreichung.

> Planen Sie mit jedem Mitarbeiter feste Termine zur Ziel- und Arbeitsüberprüfung ein. In der Praxis haben sich monatliche Gespräche von jeweils 30–60 Minuten je Mitarbeiter bewährt.

Ein Gespräch zur Ziel- und Arbeitsüberprüfung sollte nicht sämtliche Themen ansprechen, die der Arbeitsalltag mit sich bringt. Wichtige und eilige Dinge werden weiterhin im Rahmen der täglichen Zusammenarbeit besprochen. Themen für das Gespräch zur Ziel- und Arbeitsüberprüfung können etwa Fortschritte in der Projektarbeit oder Probleme bei der Zielerreichung sein. Diese Auslese hat einen wichtigen Nebeneffekt: Der Mitarbeiter wägt ab, was sofort besprochen werden muss und was bis zum nächsten Gesprächstermin warten kann. Dies führt zu einer insgesamt effektiveren Arbeitsweise für Mitarbeiter und Vorgesetzte.

Leitfaden „Ziel- und Arbeitsüberprüfung"

1	Gesprächseröffnung
	– Der Mitarbeiter gibt einen Überblick über die Themen, die er ansprechen möchte.
	– Der Vorgesetzte ergänzt um die Themen, die ihm wichtig erscheinen.
	– Vereinbarung der Gesprächsdauer
2	Jede Aufgabe, jedes Ziel wird einzeln besprochen.
	– Was genau soll erreicht werden und wo steht der Mitarbeiter heute?
	– Geben Sie dem Mitarbeiter die Möglichkeit, seine Ansicht darzulegen und seinen Gefühlen Luft zu machen.
	– Gemeinsam Ursachen für Probleme erforschen und Lösungen suchen
3	Maßnahmen zur Weiterentwicklung des Mitarbeiters einleiten
4	Dokumentation der vereinbarten Maßnahmen
5	Gesprächsabschluss

Unabdingbar: Lob und Anerkennung

Lob und Anerkennung gehören ebenso wie richtig ausgesprochene Kritik zu den täglichen Führungsaufgaben. Die Praxis zeigt jedoch, dass Lob und Anerkennung viel zu selten ausgesprochen werden, weil gute Leistungen zu oft als Selbstverständlichkeit hingenommen werden.

Auch auf Mitarbeiterseite wird Lob zwiespältig betrachtet. Mancher Mitarbeiter hat den Eindruck, der Vorgesetzte benutzt das Lob nur als Vehikel für eine negative Nachricht, z. B. um einen positiven Einstieg in ein Kritikgespräch zu finden oder um zur Übernahme unangenehmer Aufgaben zu motivieren. Lob ist in solchen Situationen nicht ehrlich gemeint und stößt daher auf Ablehnung.

> Lob und Anerkennung müssen ehrlich gemeint und glaubwürdig sein. Nur dann wirken sie positiv und tragen zum Aufbau von Selbstbewusstsein bei.

Checkliste: „Lob und Anerkennung"

- Behandeln Sie alle Mitarbeiter gleich; loben Sie auch gute Leistungen von Mitarbeitern, die Ihnen persönlich nicht so sympathisch sind.
- Loben Sie nicht den Menschen, sondern seine Leistung.
- Loben Sie rechtzeitig, d. h. direkt im Anschluss an die gute Leistung.
- Vermeiden Sie Standardfloskeln; machen Sie deutlich, worin die Leistung bestanden hat.
- Benutzen Sie Lob nicht als Mittel zum Zweck.

- Überprüfen Sie insbesondere bei Teamarbeiten, wer an der guten Leistung beteiligt war und das Lob verdient hat.
- Haben Sie selbst Freude am Loben.
- Loben Sie auch Teilerfolge.
- Maßstab für Lob und Anerkennung sind nicht die anderen Mitarbeiter, sondern die Leistung, die individuell von den Mitarbeitern erwartet wird und zu der sie in der Lage sind.
- Geben Sie Lob von nächsthöheren Vorgesetzten, Kunden oder anderen Personen an Ihre Mitarbeiter direkt weiter.
- Lob und Anerkennung können Sie nur persönlich aussprechen, eine Delegation ist nicht möglich.

Unter vier Augen oder in der Gruppe?

Während Kritik immer nur unter vier Augen erfolgen soll, kann Lob und Anerkennung mit Ausnahme der folgenden Situationen auch vor der Gruppe ausgesprochen werden.

Ein Vier-Augen-Gespräch bei der Anerkennung ist angebracht,

- wenn Sie einen leistungsschwachen Mitarbeiter für eine eigentlich selbstverständliche Leistung loben wollen, um so zu seiner Entwicklung beizutragen;
- wenn eine besonders gute Leistung auch einer besonderen Form des Lobes bedarf;
- wenn Sie eine gute Leistung loben wollen, welche die anderen Mitarbeiter nie erreichen werden.

Schwierig: das Kritikgespräch

Noch schwieriger als die Aussprache von Anerkennung erscheint vielen Vorgesetzten das Kritikgespräch. Dabei müssen Probleme, Fehler und Schwachstellen angesprochen werden. Wer mit Kritik konfrontiert wird, reagiert in den meisten Fällen zunächst mit Ablehnung, Widerwillen und Verteidigung.

Die Chance eines solchen Gesprächs wird häufig verkannt. Es geht schließlich bei der Kritik nicht um ein vorsätzliches und unbegründetes Abkanzeln eines Mitarbeiters, sondern um den richtigen Umgang mit Fehlern oder Fehlverhalten. Ein Vorgesetzter, der aus Harmoniebedürfnis, fehlendem Selbstvertrauen oder mangelnder Konfliktbereitschaft Fehler seiner Mitarbeiter nicht anspricht, handelt verantwortungslos. Er gibt seinen Mitarbeitern keine Möglichkeit, fehlerhaftes Verhalten zu korrigieren.

Ein Kritikgespräch verlangt eine besonders gründliche Vorbereitung. Informieren Sie sich genau über den Kritikanlass, damit es nicht zu unberechtigter Kritik kommt. Fragen Sie sich vorab:

- Was genau hat sich ereignet?
- Welchen Anteil hat der betroffene Mitarbeiter an dieser Situation?
- Haben auch andere Mitarbeiter einen Anteil an dieser Situation und wenn ja, in welchem Umfang?

- Habe ich selbst durch mein Verhalten zu dieser Situation beigetragen?
- Ist eine solche Situation schon öfter vorgekommen und welche Hintergründe hat es damals gegeben?

Regeln zum Kritikgespräch

Die Erfahrung aus vielen Führungsseminaren zeigt, dass das Kritikgespräch den Teilnehmern immer besonders schwer fällt. Damit Sie auch hier nicht in eine unangenehme Situation geraten, sollten Sie auf folgende Regeln achten:

- Kritisieren Sie immer sachlich, taktvoll und unter vier Augen.
- Benennen Sie zu Anfang des Gesprächs den Anlass.
- Beschreiben Sie das Fehlverhalten sachlich; begründen Sie Ihre Kritik stichhaltig und nachvollziehbar.
- Verlassen Sie sich nicht auf Mutmaßungen anderer oder auf Hörensagen; diese können allenfalls Anlass für eigene Nachforschungen oder gezieltes Beobachten sein.
- Kritisieren Sie immer nur das Fehlverhalten, das im Zusammenhang mit der Arbeit steht; kritisieren Sie niemals Verhaltensweisen, die keine Auswirkung auf die Arbeit oder die Person des Mitarbeiters haben.
- Überprüfen Sie, bevor Sie kritisieren. Stellen Sie in unklaren Situationen zunächst fest, was genau sich überhaupt ereignet hat.

- Hören Sie sich unvoreingenommen den Standpunkt des Mitarbeiters an und wägen Sie diesen ab; seien Sie offen und unterstellen Sie nichts.
- Unterstützen Sie seine Einsicht, indem Sie auf Monologe verzichten; erarbeiten Sie gemeinsam die Gründe für das Fehlverhalten und Maßnahmen, wie diese zukünftig vermieden werden können.
- Regen Sie ihn durch gezielte Fragen zu anderen Sichtweisen an.
- Fragen Sie ihn nach Ursachen für das Fehlverhalten.
- Lassen Sie ihn mögliche Konsequenzen, also die Tragweite seines Fehlverhaltens, benennen.
- Fordern Sie den Mitarbeiter auf, eigene Lösungen für künftiges Verhalten und die weitere Vorgehensweise zu entwickeln, um erneute Fehler zu vermeiden.
- Fragen Sie ihn, welche Unterstützung er von Ihnen erwartet.
- Weisen Sie auf die Überprüfung des vereinbarten Verhaltens hin und benennen Sie die Maßstäbe Ihrer Kontrolle.
- Finden Sie deutliche Worte, beziehen Sie Stellung, aber immer in angemessenem Ton.
- Reagieren Sie bei wiederholtem Fehlverhalten mit entsprechenden Konsequenzen.
- Fördern Sie Eigenverantwortung und Selbstkontrolle.

Zusätzlich zu den vorgenannten Inhalten wurde immer wieder nach dem idealen Gesprächsablauf gefragt. Auch hier kann ein Leitfaden lediglich eine grobe Gliederungshilfe sein, die Ihnen noch genügend Spielraum lässt, um im Einzelfall flexibel zu reagieren.

Leitfaden „Kritikgespräch"

1	Positive Gesprächseröffnung
2	Fehlverhalten nennen und Mitarbeiter dazu äußern lassen (kein einseitiges Abkanzeln!)
3	Geduldig zuhören – Verständnis aufbringen
4	Gemeinsam nach den Gründen für das Fehlverhalten suchen
5	Gemeinsam überlegen, was zu tun ist, um die Fehler in Zukunft zu vermeiden
6	Je nach Anlass Auswirkungen auf den Betrieb untersuchen
7	Prüfen, inwieweit der Vorgesetzte oder der Betrieb Hilfe leisten kann
8	Künftiges Verhalten vereinbaren (Mitarbeiter soll sich ausdrücklich zu den angestrebten Verhaltensänderungen äußern)
9	Mitarbeiter Mut zusprechen
10	Auf Kontrolle des künftigen Verhaltens hinweisen
11	Gute Leistungen nicht vergessen
12	Positiver (einvernehmlicher) Schluss

Bei besonders schweren Verfehlungen: das Disziplinargespräch

Das Disziplinargespräch wird bei einer schweren Verfehlung des Mitarbeiters geführt. Es hat zunächst meist die Abmahnung zur Folge. In manchen Fällen führt es sogar zur Kündigung.

Wegen der möglichen rechtlichen Konsequenzen ist das Disziplinargespräch von besonderer Tragweite. Für den Vorgesetzten bedeutet dies:

- Der tatsächliche Sachverhalt einschließlich der vorliegenden Beweise ist exakt zu recherchieren;
- gründliche Vorbereitung auf das Gespräch;
- mit Blick auf die arbeitsrechtlichen Folgen ist eine vorherige Rücksprache sowie die Abstimmung über die weitere Vorgehensweise mit dem nächsthöheren Vorgesetzten und der Personalabteilung unerlässlich;
- Beteiligung des Betriebsrats.

Abweichend von der Regel sollte das Disziplinargespräch nicht unter vier Augen geführt werden. Wichtigster Grund ist die Absicherung durch einen Zeugen. Darüber hinaus steigt für den betroffenen Mitarbeiter die Bedeutung des Gesprächs, wenn ihm mehrere Gesprächspartner gegenübersitzen. Der Vorgesetzte kann während des Gesprächs gegebenenfalls auf die fachliche Unterstützung der anderen Gesprächsteilnehmer zurückgreifen (z. B. Erläuterung der arbeitsrechtlichen Konsequenzen durch den Mitarbeiter der Personalabteilung).

Checkliste: „Disziplinargespräch"

- Begrüßen Sie den Mitarbeiter und stellen Sie die weiteren Gesprächspartner vor, soweit nicht bereits bekannt.
- Seien Sie als Person höflich, aber ernst in der Sache.
- Nennen Sie dem Mitarbeiter den Gesprächsanlass (Erteilung einer Abmahnung, Aussprechen der Kündigung).
- Fragen Sie den Mitarbeiter, ob er ein Betriebsratsmitglied zu dem Gespräch hinzuziehen möchte und veranlassen Sie dieses.
- Beschreiben Sie das Fehlverhalten sachlich und stichhaltig. Begründen Sie die Entscheidung und machen Sie den Ernst der Situation deutlich.
- Geben Sie dem Mitarbeiter Gelegenheit, seine Sichtweise darzustellen. Vermeiden Sie jedoch eine endlose Diskussion oder das wiederholte Austauschen längst genannter Argumente.
- Lassen Sie keinen Zweifel daran: Die Entscheidung ist gefallen und kann nicht mehr revidiert werden.
- Richten Sie den Blickwinkel in die Zukunft, d. h., was kann unternommen werden, damit es nicht noch einmal zu einer solchen Situation kommt (Ausnahme: das Kündigungsgespräch).
- Machen Sie die Konsequenzen deutlich, wenn der Mitarbeiter sein Verhalten in Zukunft nicht nachhaltig ändert.
- Lassen Sie sich zu keinem Zeitpunkt das Gespräch aus der Hand nehmen.
- Stellen Sie sich darauf ein, dass der Mitarbeiter Ihr Mitgefühl ansprechen wird.

Zur Fehlzeitenreduzierung: das Rückkehrgespräch

Fehlzeiten kosten das Unternehmen viel Geld. Deshalb sollte sich jedes Unternehmen mit diesem Thema beschäftigen, um unangemessen hohen Fehlzeiten entgegenzuwirken. Ein wichtiges Instrument dafür ist das Fehlzeiten- oder Rückkehrgespräch.

Wichtigstes Gesprächsziel ist der Abbau von Fehlzeiten und die Reduzierung der damit verbundenen Kosten. Nach einer Erhebung des Instituts der deutschen Wirtschaft setzen 94 % der befragten Betriebe „Gespräche mit auffälligen Mitarbeitern" als Instrument zur Fehlzeitensenkung ein. Damit steht das Rückkehrgespräch an der Spitze aller fehlzeitensenkenden Maßnahmen.

Das Rückkehrgespräch bietet dem Vorgesetzten die Möglichkeit, sich nach dem derzeitigen Befinden des Mitarbeiters zu erkundigen und dabei zu klären, aus welchen Gründen es zur Abwesenheit kam. Bei Abwesenheitsursachen, die in der Person des Mitarbeiters liegen (z. B. Alter, Gesundheit, finanzielle Situation), gilt es zu überlegen, ob und wie der Betrieb Hilfestellung leisten kann und was der Mitarbeiter selbst dazu beitragen kann, um künftig übermäßige Fehlzeiten zu vermeiden.

Der Abbau von Fehlzeiten darf allerdings nicht das einzige Ziel des Rückkehrgesprächs sein. Andernfalls wäre der Einwand mancher Gegner berechtigt, dass es vor allem darum geht, Mitarbeiter zu überreden, trotz gesundheitlicher Probleme zu arbeiten. Über das Ziel Fehlzeitenreduzierung hinaus ist das Rückkehrgespräch auch ein Beitrag zur Förderung der Kommunikation zwischen Vorgesetzten und Mitarbeitern und damit ein Baustein zur Verbesserung des Betriebsklimas. Die Vorgesetzten haben durch das Rückkehrgespräch die Möglichkeit, den Mitarbeitern zu zeigen, dass es sich um geschätzte Mitglieder der Betriebsgemeinschaft handelt, deren Abwesenheit wahrgenommen wurde und über deren Rückkehr man sich freut. Das Gespräch bietet außerdem Gelegenheit, den Rückkehrern bei der Wiederaufnahme der Arbeit behilflich zu sein und sie z. B. über die wichtigsten Geschehnisse während ihrer Abwesenheit zu informieren.

Soweit die Abwesenheit auf betriebliche Ursachen (Arbeitsbedingungen, Art der Tätigkeit, Führungsstil, Arbeitsentgelt usw.) zurückgeht, sollte gemeinsam überprüft werden, wie diese Ursachen beseitigt werden können. Je nach Ursache und Häufigkeit der Abwesenheit kann auch auf die wirtschaftlichen Folgen für das Unternehmen und die Belastungen für die Kollegen hingewiesen werden, um ein entsprechendes Bewusstsein zu schaffen.

Wann und mit wem wird das Rückkehrgespräch geführt?

Rückkehrgespräche werden geführt, wenn Mitarbeiter nach längerer (oder mehrmalig kürzerer) Abwesenheit wieder an ihren Arbeitsplatz zurückkehren. Wenn der Vorgesetzte das Gespräch als Instrument der Mitarbeiterführung und nicht nur als disziplinarische Maßnahme versteht, dann sollte er es grundsätzlich mit jedem Rückkehrer zum frühestmöglichen Zeitpunkt nach dessen Abwesenheit führen.

Ein Gespräch über Fehlzeiten erfordert immer einen Balanceakt. Auf der einen Seite geht es um die Wiedereingliederung des genesenen Mitarbeiters, andererseits ist jedes Fehlzeitengespräch auch ein Stück Ursachenforschung, um insbesondere bei ungerechtfertigten Fehlzeiten das Unternehmen vor wirtschaftlichem Schaden zu bewahren. Nur wenn die Gesprächsführenden wissen, welche Ziele verfolgt werden können, wie ein Gespräch aufgebaut werden kann, wie es zu eröffnen ist oder wie die Mitarbeiter durch Fragen in das Gespräch eingebunden werden können, werden sie sich sicher fühlen und einseitige Monologe (Strafpredigten) werden verhindert. Der Zweck des Rückkehrgesprächs wäre verfehlt, wenn es lediglich als Instrument zur Disziplinierung der Mitarbeiter verstanden würde oder dieser Eindruck durch falsche Gesprächsführung entstehen könnte.

Leitfaden „Rückkehrgespräch"

1	Wählen Sie einen positiven Gesprächseinstieg und informieren Sie den Mitarbeiter über den Anlass des Gesprächs.
2	Informieren Sie den Mitarbeiter über wichtige Dinge, die während seiner Abwesenheit geschehen sind, und erleichtern Sie ihm so den Wiedereinstieg.
3	Erkundigen Sie sich nach seinem derzeitigen Befinden.
4	Erfragen Sie, ob die Abwesenheit mit der Arbeits-situation des Mitarbeiters zusammenhängt; berücksichtigen Sie dabei – die Länge und Häufigkeit der Abwesenheit, – Art und Schwere der Arbeit/Arbeitsbedingungen, – Führungsstil/Betriebs- oder Gruppenklima, – Entgelt und Sozialleistungen, – Aufstiegs- und Weiterbildungsmöglichkeiten.
5	Erfragen Sie, ob die Abwesenheit mit außerbetrieblichen Gründen zusammenhängt.
6	Verdeutlichen Sie je nach Dauer und Häufigkeit der Abwesenheit – die wirtschaftlichen Konsequenzen für das Unternehmen, – die Auswirkungen auf die Kollegen.
7	Erarbeiten Sie gemeinsam mit dem Mitarbeiter Lösungen, um Fehlzeiten zukünftig zu reduzieren bzw. ganz zu vermeiden. Berücksichtigen Sie dabei, – was das Unternehmen tun kann, – was der Mitarbeiter selbst tun will.

8 Bieten Sie, soweit möglich, Hilfestellung an (Betriebsrat, Betriebsarzt, Stundenreduzierung, Wechsel des Arbeitsplatzes, ...).

9 Beziehen Sie deutlich Stellung, aber vermitteln Sie dem Mitarbeiter gleichzeitig das Gefühl, dass er als Mensch geschätzt und im Unternehmen gebraucht wird.

Nach der Kündigung: das Abgangsgespräch

Abgangsgespräche werden mit Mitarbeitern geführt, die das Unternehmen verlassen. Abgangsgespräche liefern wertvolle Informationen über die Mitarbeiterführung und das Betriebsklima, deren Berücksichtigung zu einer Minderung der künftigen Fluktuationsrate beitragen kann.

Unterschiedliche Ziele

In der Fluktuationsanalyse werden verschiedene Ursachenkategorien unterschieden, warum es zum Ausscheiden eines Mitarbeiters gekommen ist. Je nach Ursachengruppe können mit dem Abgangsgespräch (Austrittsgespräch) unterschiedliche Ziele verfolgt werden:

- Wenn die Kündigung auf den Arbeitgeber zurückgeht (z. B. wegen unbefriedigender Arbeitsleistung des Mitarbeiters), kann durch ein geschickt geführtes Abgangsgespräch zumindest in Erfahrung gebracht werden, ob es durch Versäumnisse des Unternehmens zu Fehlleistungen des Mitarbeiters gekommen ist.

- Wenn die Kündigung vom ausscheidenden Mitarbeiter ausgegangen ist und auf betriebliche Ursachen zurückgeht, sollte das Abgangsgespräch immer geführt werden, um die „wahren" Fluktuationsursachen zu erfahren. Nicht immer werden bei der formalen Kündigung die wirklichen Gründe für das Ausscheiden genannt. Wenn es sich um Versäumnisse des Unternehmens handelt, bietet das Abgangsgespräch die letzte Möglichkeit, den Mitarbeiter evtl. nochmals umzustimmen.
- Wenn die Kündigung eines Mitarbeiters mit Ereignissen im persönlichen Bereich (Gesundheit, Familie usw.) begründet wird, kann im Abgangsgespräch geprüft werden, ob nicht zusätzlich andere (betriebliche) Gründe vorlagen.
- Wenn Mitarbeiter wegen Invalidität ausscheiden oder weil sie die Altersgrenze erreicht haben, dann steht in der Regel der soziale Aspekt im Vordergrund. Dem Mitarbeiter wird zum Abschied noch einmal verdeutlicht, dass er im Unternehmen gebraucht wurde und dass er eine Lücke hinterlässt.

Grundsätzlich sollte mit allen ausscheidenden Mitarbeitern ein Abgangsgespräch geführt werden. Manche Unternehmen führen Gespräche allerdings nur mit den Mitarbeitern, die von sich aus gekündigt haben. Der wichtigste Informationsbereich ist sicherlich die Einschätzung der Arbeitsbedingungen, des Betriebsklimas oder des Führungsverhaltens durch die Mitarbeiter. Diese haben die Möglichkeit, ihre Meinung frei zu äußern, ohne mit späteren Repressalien rechnen zu müssen. Aber auch das Bemühen um einen letzten positiven

Eindruck von dem Unternehmen sowie die Regelung der praktischen Abwicklung des Ausscheidens sind wichtige Gesprächsanliegen. Schließlich kann auch in Fällen, bei denen die Kündigung durch das Unternehmen erfolgt ist, durch das Abgangsgespräch dafür gesorgt werden, weiteren Schaden für den Betrieb zu vermeiden.

Wer führt das Abgangsgespräch?

Das Abgangsgespräch wird entweder vom unmittelbaren Vorgesetzten oder von einer darauf spezialisierten Person aus dem Personalbereich geführt. Der unmittelbare Vorgesetzte kennt zwar die ausscheidenden Mitarbeiter besser, aber es besteht auch die Gefahr, dass das Gesprächsklima wegen früherer Probleme vorbelastet ist. Die Personalabteilung ist dagegen vom Austritt des Mitarbeiters nicht unmittelbar betroffen, sodass deren Vertreter vom Mitarbeiter eher als neutrale Instanz akzeptiert wird, womit die Chance für ein offenes Gespräch steigt. Auch der Vergleich zwischen den verschiedenen Betriebsbereichen wird nur möglich sein, wenn das Gespräch nach einheitlichen Vorgaben von derselben Stelle geführt wird.

Das Abgangsgespräch ist kein einfaches Gespräch. Der Mitarbeiter soll dazu gebracht werden, Meinungen und Eindrücke über seine bisherige Tätigkeit und sein Arbeitsumfeld auszusprechen, ohne dass durch die Art der Gesprächsführung eine Färbung der Antworten bewirkt wird.

Leitfaden „Abgangsgespräch"

1	Positive Eröffnung – Aufbau einer harmonischen Gesprächsatmosphäre.
2	Zusicherung der Vertraulichkeit des Gesprächs.
3	Hinweis, dass das Zeugnis durch dieses Gespräch nicht beeinflusst wird.
4	Ermunterung an den Gesprächspartner, alles auszusprechen.
5	Soweit notwendig, (wirkliche) Gründe für die Kündigung erfragen.
6	Inwieweit wurden die Erwartungen des Mitarbeiters an die eigene Stelle erfüllt?
7	Fragen nach dem Betriebsklima, Arbeitsbedingungen usw.
8	Wie wird der Führungsstil des unmittelbaren Vorgesetzten eingeschätzt?
9	Wie wurden die Moglichkeiten zur Weiterbildung beurteilt?
10	Konnten die eigenen Vorstellungen zum beruflichen Weiterkommen erfüllt werden?
11	Fragen zum Arbeitsentgelt und den Sozialleistungen.
12	Falls die Kündigung vom Mitarbeiter ausging: Wie hätte sie verhindert werden können?
13	Welche positiven Eindrücke werden mit dem Unternehmen verbunden?
14	Fragen nach neuer Position bzw. neuem Arbeitgeber.
15	Je nach Situation: Versuch, den Mitarbeiter noch einmal umzustimmen.
16	Weitere Abwicklung des Ausscheidens.
17	Gute Wünsche für die Zukunft.

Zu den Spielregeln eines Austrittsgesprächs gehört, dass die Mitarbeiter informiert werden, wie ihre Informationen weiterverwendet werden. Es muss sichergestellt sein, dass die Aussagen vertraulich behandelt werden und dass das Gespräch keine nachteiligen Auswirkungen auf das Zeugnis hat.

Zur Weitergabe von Wissen: das Unterweisungsgespräch

Die Unterweisung seiner Mitarbeiter gehört zu den Daueraufgaben eines Vorgesetzten. Jede Weitergabe vorhandener Fertigkeiten und Kenntnisse an die Mitarbeiter ist praktisch eine kleine Unterweisung. Je eindeutiger die Unterweisung in neue Aufgaben vorgenommen wird, desto weniger ist mit Fehlern und Doppelarbeit zu rechnen.

Besonders bewährt hat sich die zielgerichtete, an pädagogischen Prinzipien orientierte Vier-Stufen-Methode. Sie wird auch bei der Unterweisung von Auszubildenden regelmäßig eingesetzt. In der folgenden Übersicht ist die idealtypische Vorgehensweise dargestellt. Das jeweils dreimalige Vorführen und Nachmachen in den Stufen 2 und 3 kann bei einfachen Unterweisungsvorgängen entsprechend reduziert werden.

Leitfaden „Unterweisungsgespräch"

1. Stufe: Vorbereitung

- Bereiten Sie sich selbst und die Arbeit vor.
  - Zergliedern Sie den Arbeitsvorgang.
  - Bereiten Sie den Arbeitsplatz für die Unterweisung vor.
  - Nehmen Sie sich ausreichend Zeit.
- Bereiten Sie den Mitarbeiter vor.
  - Nehmen Sie ihm die Befangenheit und vermitteln Sie ihm Sicherheit.
  - Stellen Sie fest, was er schon kann.
  - Wecken Sie Interesse für die Aufgabe.

2. Stufe: Erklären und vormachen

- Vermitteln Sie dem Mitarbeiter einen Gesamtüberblick über die Aufgabe, indem Sie diese in geraffter Form vormachen und erklären.
- Machen Sie die Aufgabe ein zweites Mal ausführlich vor:
  - Geben Sie ausführliche Erklärungen.
  - Verwenden Sie die notwendigen Fachbegriffe.
  - Begründen Sie Ihre Vorgehensweisen.
  - Weisen Sie auf mögliche Probleme hin.
  - Regen Sie den Mitarbeiter zu Fragen an.
- Bei schwierigen Aufgaben: nochmals vormachen und Kernpunkte wiederholen.

3. Stufe: Nachmachen lassen

- Lassen Sie den Unterwiesenen die Aufgabe ausführen:
  - Wenig Kommentar.
  - Verbessern Sie (zunächst) nur grobe Fehler.

- Lassen Sie den Unterwiesenen die Aufgabe ein zweites Mal ausführen:
  – Verlangen Sie detaillierte Erklärungen und Begründungen.
  – Prüfen Sie das Verständnis der einzelnen Arbeitsschritte.
  – Verbessern Sie Fehler.
  – Lassen Sie Fachausdrücke verwenden.
- Falls erforderlich, weitere Wiederholung:
  – Lassen Sie nur noch Kernpunkte herausstellen.

4. Stufe: Abschluss

- Lassen Sie den Mitarbeiter selbstständig üben.
  – Erteilen Sie einen Probeauftrag.
- Benennen Sie eine Kontaktperson, die helfen kann.
  – Kollegialitätsempfinden fördern.
  – Sicherheitsgefühl erhöhen.
- Beobachten Sie die Übungsfortschritte und erkennen Sie die Erfolge an.

Die mehrfache Wiederholung kostet zwar Zeit, aber sie führt zu einem sicheren und fehlerfreien Arbeiten. Darüber hinaus sind zahlreiche weitere Vorteile zu nennen:

- Neue Fertigkeiten und Kenntnisse werden auf anschauliche Weise und unter realistischen Bedingungen vermittelt; dadurch entfällt das Transferproblem.
- Es handelt sich um eine aktive Lernmethode, bei welcher der Lernende auch das „Wie" und „Warum" der einzelnen Tätigkeiten erfährt.
- Die Methode knüpft an vorhandene Fähigkeiten an.

- Die einzelnen Lernschritte bleiben überschaubar und ermöglichen ein individuelles Lerntempo.
- Der Mitarbeiter muss den neuen Arbeitsgang nicht lange und vergeblich selbst probieren, denn er erlernt sofort die richtige Vorgehensweise.
- Durch die Teilnahme an der Erfahrung des Lehrenden stellen sich rasch erste Erfolge ein, die Sicherheit sowie Motivation zum Weiterlernen vermitteln.
- Die Unterweisung mittels dieser Vier-Stufen-Methode stellt sicher, dass Lernen nicht dem Zufall überlassen bleibt, sondern systematisch durchgeführt wird.

In der Gruppe: die Mitarbeiterbesprechung

Bei der Mitarbeiterbesprechung geht es um das Gespräch mit einer Gruppe von Mitarbeitern. Besprechungsgegenstand können die gegenseitige Information, der Erfahrungsaustausch oder das gemeinsame Lösen von Problemen, aber auch das Ausräumen von Meinungsverschiedenheiten oder die Schlichtung von Konflikten sein. Wie das Mitarbeitergespräch kann auch die Mitarbeiterbesprechung aus aktuellem Anlass erforderlich werden oder in festem Turnus stattfinden.

Die Vorteile

Eine erfolgreiche Mitarbeiterbesprechung nützt Mitarbeitern und Vorgesetzen gleichermaßen:

- Die Erfahrung und das Fachwissen einer ganzen Gruppe können gleichzeitig genutzt werden.
- Bei der Entscheidungsfindung werden unterschiedliche Meinungen berücksichtigt.
- Bei Meinungsverschiedenheiten kann rechtzeitig nach einem Kompromiss gesucht werden.
- Das Verständnis für den anderen wird verbessert (z. B. ist es für den Vorgesetzten wichtig, rechtzeitig die Meinung seiner Mitarbeiter zu erfahren).
- Durch den Synergieeffekt kommt es im Team zu besseren und manchmal auch originelleren Lösungen.
- Voreilige Entschlüsse werden verhindert.
- Der Hauptvorteil: Wenn die Mitarbeiter an der Entscheidungsfindung beteiligt sind, sind sie auch bereit, an deren Verwirklichung mitzuwirken.

Woran scheitern Besprechungen?

Diese Vorteile bedeuten nicht zwangsläufig, dass jede Mitarbeiterbesprechung ein Erfolg wird. Nicht selten verlaufen Besprechungen höchst unbefriedigend. Dies liegt zumeist an folgenden Ursachen:

- mangelhafte Vorbereitung,
- zu viele oder falsch ausgewählte Teilnehmer,
- übertriebene Profilierungsbestrebungen einzelner Teilnehmer,
- falsch gewählter Besprechungszeitpunkt oder
- ein unqualifizierter Besprechungsleiter.

Außerdem zeigt die Erfahrung, dass viele Besprechungen überhaupt nicht erforderlich sind. Die Arbeitskapazität mehrerer Mitarbeiter wird in der Besprechung gebunden, aber die aufgewandte Zeit und Energie stehen oft in keinem befriedigenden Verhältnis zu den erreichten Ergebnissen.

Prüfen Sie daher zunächst die Notwendigkeit einer Mitarbeiterbesprechung. Können die anstehenden Fragen nicht auch in einem Zweiergespräch gelöst werden oder sind manche Fragen nicht überhaupt schon gelöst? Alibibesprechungen sind kein Mittel, um die Mitarbeiter zu motivieren. Diese spüren schnell, ob sie wirkliche Probleme zu lösen und Entscheidungen zu treffen haben oder nur für eine Statistenrolle ausgewählt wurden.

Checkliste: Ist die Mitarbeiterbesprechung notwendig?

	Ja	Nein
Eignet sich das Problem für die Behandlung in der Gruppe?	❑	❑
Kann die Entscheidung nicht durch den Vorgesetzten oder einzelne Mitarbeiter getroffen werden?	❑	❑
Reicht zur Lösung des Problems nicht ein Zweiergespräch?	❑	❑
Ist die Fragestellung nicht schon gelöst (z. B. durch eine Grundsatzentscheidung)?	❑	❑

Ist die Gruppe für die Fragestellung überhaupt zuständig?	❑	❑
Was kostet die Besprechung?	❑	❑
Besteht die Gefahr, dass das Problem durch die Mitarbeiterbesprechung eher verschleppt oder zusätzlich kompliziert wird?	❑	❑
Was geschieht, wenn keine Besprechung stattfindet?	❑	❑

Ohne gute Vorbereitung kein Erfolg

Wenn Sie zu dem Ergebnis kommen, dass eine Mitarbeiterbesprechung erforderlich ist, dann hängt es weitgehend von Ihnen als dem Vorgesetzten ab, die Weichen durch eine gute Vorbereitung und eine zügige und faire Gesprächsleitung auf Erfolg zu stellen.

Vorbereitung einer Mitarbeiterbesprechung

- Personelle Vorüberlegungen
  - Wer aus dem Team (der Abteilung) muss eingeladen werden?
  - Sind abteilungsexterne Teilnehmer zu berücksichtigen?
  - Ist der Teilnehmerkreis einigermaßen homogen?
  - Welche Kenntnisse bringen die Teilnehmer mit?
  - Was können die Teilnehmer zur Lösung des Problems beitragen?
  - Müssen alle Teilnehmer zu allen Besprechungspunkten anwesend sein?

- Thematische Vorbereitung
  - Sind die Themen eindeutig formuliert?
  - Gibt es klare Besprechungsziele?
  - Lassen sich die Themen in begrenzter Zeit behandeln?
  - Welche alternativen Meinungen (Argumente) werden voraussichtlich vertreten?
  - Welche zusätzlichen Probleme können zur Sprache kommen?
- Organisatorische Vorbereitung
  - Störungsfreier Besprechungsort
  - Zeitpunkt, Dauer
  - Unterlagen für die Teilnehmer
  - Bewirtung
  - Benötigte Hilfsmittel (Blöcke, Schreibzeug, Flipcharts, Pinnwände, Projektor usw.)

Zur organisatorischen Vorbereitung gehört auch eine rechtzeitig verschickte und aussagekräftige Einladung der Teilnehmer unter Bekanntgabe der Tagesordnung. Achten Sie darauf, dass die einzelnen Tagesordnungspunkte so formuliert werden, dass die Teilnehmer das jeweilige Problem erkennen können.

Beispiel

Die Formulierung „Arbeitszeitregelung" oder sogar nur „Arbeitszeit" lässt viele Auslegungen zu, während „Beschluss über die Einführung der neuen Arbeitszeitregelung ab ..." deutlich sagt, worum es geht.

Auch der Tagesordnungspunkt „Vertrieb" ist vieldeutig, während mit „Maßnahmen zur Umsatzsteigerung im Auslandsvertrieb" den Teilnehmern ein klarer Hinweis gegeben wird.

Inhalte einer Tagesordnung

- Wo findet die Besprechung statt?
- Termin und voraussichtliche Dauer
- Berücksichtigen Sie jedes Einzelthema als eigenen Tagesordnungspunkt.
- Verstecken Sie die „heißen Eisen" nicht im Punkt „Verschiedenes".
- Aussagekräftige Formulierung jedes Tagesordnungspunkts. Welche Unterlagen sind mitzubringen?
- Wer nimmt noch an der Besprechung teil?

Wie Sie die Mitarbeiterbesprechung durchführen

Die Verantwortung für den Besprechungsablauf liegt beim Vorgesetzten. Er hat eine geordnete Abwicklung sicherzustellen und dafür zu sorgen, dass die Besprechungsziele erreicht werden. Er steuert die Diskussion, vermittelt Denkanstöße, unterbricht Vielredner und fasst – zwischendurch und am Schluss – die Ergebnisse zusammen.

> Dem Besprechungsleiter muss es gelingen, den Kontakt zu und unter den Teilnehmern herzustellen, ihre Aufmerksamkeit für die verschiedenen Themen zu gewinnen und damit die Bereitschaft zur Mitarbeit sicherzustellen.

Sorgen Sie dafür, dass auch die stilleren Mitarbeiter zu Wort kommen. Manche sind zu bequem oder zu ängstlich, um sich zu melden; sie verlassen dann die Mitarbeiterbesprechung unzufrieden und mit dem Hinweis, überhaupt nicht zu Wort gekommen zu sein. In solchen Fällen hilft das „Statement“. Zwingen Sie im Verlauf der Diskussion solche Mitarbeiter zu einer Stellungnahme, indem Sie in einer Rundumfrage jeden Teilnehmer um ein kurzes Statement zu dieser Fragestellung bitten. Selbst wenn sich manche nur kurz äußern oder sich der Meinung eines Vorredners anschließen, ist dies besser, als wenn sie ohne jeden Wortbeitrag die Besprechung verlassen.

Checkliste: Durchführung einer Mitarbeiterbesprechung

- Pünktlicher Beginn
  - Auf verspätete Teilnehmer wird nicht gewartet.
  - Nachzügler brauchen über den bisherigen Verlauf nicht informiert zu werden.
  - Begrüßung
  - Die Anrede muss dem Teilnehmerkreis entsprechen.
  - Auch bei Routinebesprechungen nicht auf die Begrüßung verzichten.
  - Gäste besonders begrüßen.
  - Noch nicht bekannte Teilnehmer vorstellen (Gäste, neue Mitarbeiter).
- Allgemeine Einführungsinformationen (Regularien, Entschuldigungen usw.).
- Darlegung der Themen (Tagesordnungspunkte)
  - Besprechungsziel formulieren
  - Teilnehmer zur Mitarbeit motivieren
  - weiteren Ablauf vorschlagen/vereinbaren

  - Zeitrahmen für den jeweiligen Besprechungspunkt bekannt geben
  - gegebenenfalls klären, wer Protokoll führt
- Behandlung weiterer Themen wie vorher
- Alle Teilnehmer zur Mitarbeit anregen
  - Eröffnungsfragen vorbereiten
  - grundsätzlich alle Teilnehmer ansprechen
  - auf Teilnehmer eingehen - Beiträge ernst nehmen
  - aktiv zuhören
  - mit Einwendungen korrekt umgehen
- Alle zu Wort kommen lassen
- Von Zeit zu Zeit Zwischenergebnisse zusammenfassen
- Beschlüsse herbeiführen
- Gesamtergebnis feststellen
- Gemeinsamkeiten betonen
- Ergebnisse sichern (Protokoll, Aktennotiz)
- Folgerungen ziehen (Aufgabenverteilung; Ausführungsregelungen)
- Dank an die Mitarbeiter für ihr Kommen
- Verabschiedung

Es gibt ein gutes Mittel, um notorische Zu-spät-Kommer zu erziehen. Geben Sie regelmäßig am Beginn der Besprechung (noch vor Eintritt in die Tagesordnung) ein paar interessante Informationen bekannt, die auch für die noch fehlenden Teilnehmer wichtig sind. Das bei den Betroffenen entstehende Informationsdefizit veranlasst sie, künftig pünktlich zu erscheinen.

Sichern Sie die Umsetzung der Ergebnisse

Um sicherzustellen, dass die auf der Mitarbeiterbesprechung erzielten Ergebnisse auch umgesetzt werden, empfiehlt es sich, diese in einem Kurzprotokoll in Form eines Maßnahmenplans festzuhalten. Eine Kopie wird entweder jedem Teilnehmer sofort mitgegeben oder unmittelbar nach der Besprechung zugestellt.

Kurzprotokoll/Maßnahmenplan					
Besprechung vom:		**Teilnehmer:**			
TOP	**Beschluss/ Aktion/ Ergebnis**	**Wer**	**Mit wem**	**Termin**	**Kontrolle**

Stichwortverzeichnis

Bibliografische Information der Deutschen Nationalbibliothek
Die Deutsche Nationalbibliothek verzeichnet diese Publikation in der Deutschen Nationalbibliografie; detaillierte bibliografische Daten sind im Internet über http://dnb.d-nb.de abrufbar.

ISBN 978-3-648-00206-3
Bestell-Nr. 00658-0005

5., aktualisierte Auflage 2010

© 2010, Haufe-Lexware GmbH & Co. KG, Munzinger Straße 9, 79111 Freiburg
Redaktionsanschrift: Fraunhoferstraße 5, 82152 Planegg/München
Telefon: (089) 895 17-0,
Telefax: (089) 895 17-290
www.haufe.de
online@haufe.de
Lektorat: Dr. Ilonka Kunow, Jutta Cram
Redaktion: Jürgen Fischer
Redaktionsassistenz: Christine Rüber

Alle Rechte, auch die des auszugsweisen Nachdrucks, der fotomechanischen Wiedergabe (einschließlich Mikrokopie) sowie die Auswertung durch Datenbanken oder ähnliche Einrichtungen vorbehalten.

Umschlagentwurf: Agentur Buttgereit & Heidenreich, 45721 Haltern am See
Desktop-Publishing: Agentur: Satz & Zeichen, Karin Lochmann, 83129 Höslwang
Druck: freiburger graphische betriebe, 79108 Freiburg

Der Autor

Dr. Wolfgang Mentzel

Seit 1972 Professor für Betriebswirtschaftlehre an der Fachhochschule Koblenz. Lehraufträge an mehreren anderen Hochschulen. Schwerpunkte der Lehrtätigkeit: Personal- und Bildungswesen, Management, Rhetorik. Regelmäßige Seminare für Führungskräfte zu Personal- und Kommunikationsthemen. Autor zahlreicher Fachpublikationen. Bei der Haufe-Mediengruppe erschienen sind u .a. der Taschenguide „Rhetorik" und der Taschenguide „BWL Grundwissen".

Weitere Literatur

„Coaching – sich und andere zum Erfolg führen", von Rainer Niermeyer, 180 Seiten, € 24,95.
ISBN 978-3-448-07501-4, Bestell-Nr. 00589

„Das erste Mal Chef. Ratgeber für die erfolgreiche Karriere", von Ralph Frenzel, 174 Seiten mit CD-ROM, € 14,95.
ISBN 978-3-448-09261-5, Bestell-Nr. 00610

„Praxishandbuch Mitarbeiterführung. Führungstechniken konkret dargestellt", von Michael Lorenz und Uta Rohrschneider, 254 Seiten, mit CD-ROM, € 34,80.
ISBN 978-3-448-09075-8, Bestell-Nr. 04050

TaschenGuides – Qualität entscheidet

Bereits erschienen:

Der Betrieb in Zahlen

- 400 € Mini-Jobs
- Balanced Scorecard
- Betriebswirtschaftliche Formeln
- Bilanzen
- BilMoG
- Buchführung
- Businessplan
- BWL Grundwissen
- BWL kompakt – die 100 wichtigsten Fakten
- Controllinginstrumente
- Deckungsbeitragsrechnung
- Einnahmen-Überschussrechnung
- Finanz- und Liquiditätsplanung
- Formelsammlung Betriebswirtschaft
- Formelsammlung Wirtschaftsmathematik
- Die GmbH
- IFRS
- Kaufmännisches Rechnen
- Kennzahlen
- Kontieren und buchen
- Kostenrechnung
- VWL Grundwissen

Mitarbeiter führen

- Besprechungen
- Checkbuch für Führungskräfte
- Führungstechniken
- Die häufigsten Managementfehler
- Management
- Managementbegriffe
- Mitarbeitergespräche
- Moderation
- Motivation
- Projektmanagement
- Spiele für Workshops und Seminare
- Teams führen
- Workshops
- Zielvereinbarungen und Jahresgespräche

Karriere

- Assessment Center
- Existenzgründung
- Gründungszuschuss
- Jobsuche und Bewerbung
- Vorstellungsgespräche

Geld und Specials

- Sichere Altersvorsorge
- Energie sparen
- Energieausweis
- Geldanlage von A-Z
- IGeL – Medizinische Zusatzleistungen
- Immobilien erwerben
- Immobilienfinanzierung
- Meine Ansprüche als Rentner
- Die neue Rechtschreibung
- Eher in Rente
- Web 2.0
- Zitate für Beruf und Karriere
- Zitate für besondere Anlässe

Persönliche Fähigkeiten

- Allgemeinwissen Schnelltest
- Ihre Ausstrahlung
- Burnout
- Business-Knigge – die 100 wichtigsten Benimmregeln
- Mit Druck richtig umgehen
- Emotionale Intelligenz
- Entscheidungen treffen
- Gedächtnistraining
- Gelassenheit lernen
- Glück!
- IQ – Tests
- Knigge für Beruf und Karriere
- Knigge fürs Ausland
- Kreativitätstechniken
- Manipulationstechniken
- Mathematische Rätsel
- Mind Mapping
- NLP
- Optimistisch denken
- Peinliche Situationen meistern